有效护肤，拒绝敏感肌

尹凤媛　张栖彬　编著

吉林科学技术出版社

推荐序

当下，西方护肤思想及护肤产品一直占据主导地位。能一直坚持做中国特色化妆品并努力以弘扬中医药护肤文化为己任的品牌和领头人太少了，而尹凤媛女士及其研发团队做到了这一点。这些年来坚持以顾客为核心的研发思想和过硬的产品让她的品牌赢得了市场和尊重。

作为一直从事中草药科学研究的我，由衷地祝贺此书的出版，也希望今后中国大地上，能涌现出更多优秀的中药护肤研发人才，为中国，乃至世界女性的美丽做出贡献。

中国医学科学院药用植物研究所所长

博士生导师

孙晓波

尹凤媛是我的研究生同学，听闻她要出书，由衷表示祝贺！

现在中国女性在护肤方面确实存在很多误区，在临床上也看到很多因缺乏对皮肤和化妆品的科学认知而导致的皮肤伤害。

有着医学和科研背景的尹凤媛女士，多年来不但专注于中草药护肤品研发，更坚持亲自和消费者对话，让研发更有针对性。这种对产品的执着精神让人非常感动。

此书汇集了她多年的工作与实践经验，不是表面的理论，而是对现代护肤的反思及对问题肌肤的总结。

我想，《有效护肤，拒绝敏感肌》一书，不仅对敏感肌人群如何科学护肤具有非常实用的指导意义，更是所有护肤爱好者的护肤锦囊。

医学博士、教授、主任医师、博士生导师

吉林大学第一医院皮肤性病科主任

中国中西医结合皮肤科分会美容学组副组长

《中华皮肤科杂志》《临床皮肤科杂志》等编委

李珊山

我和尹凤媛女士是日本留学时期的同学。她回国后一直从事中草药化妆品的研究并走上创业之路。

我见证了她对中药化妆品研发的执着。凭借科研人员的严谨作风在做护肤品，并不遗余力地宣传中医药护肤文化，这在当今浮躁的商业环境下是难能可贵的。

此书的出版不仅为消费者正确认识护肤及解决皮肤问题提供有益的帮助，也为化妆品行业树立了严谨及科研的典范。

医学博士、上海中医药大学博士生导师

系统药代动力学中心主任

杨凌

作为在中国生活工作的韩国人，我很喜欢中国的中医药文化，也是尹老师东方护肤观念的支持者和受益者。

我相信，尹老师书中主张的东方护肤文化，不仅会让中国女性受益，也会对所有女性护肤具有指导意义。

我来中国 25 年，在中国一直从事中韩大健康产业领域的合作与交流工作。此次为尹老师作序也是希望能在中韩护肤品研发方面起到桥梁作用，推动中韩两国医美护肤专家进行深入交流合作。此书的出版更增强了我对中韩护肤品领域合作的信心。

真心希望此书能为所有喜欢护肤的人们带来福音。

中韩国际合作商会会长

金来湘

·上篇：透视敏感肌·

PART 1

敏感肌，作出来的"美容病"

No.1　十年大牌抗衰老，皮肤渐变敏感肌　…19

No.2　她天天手捧小红书、刷抖音、跟帖看护肤经验分享，却把
　　　自己变成了敏感肌　…20

No.3　妈妈的无知，毁了女儿的美丽与健康　…21

No.4　当初让她快乐的药膏，最后成了焦虑的根源　…23

No.5　她迷茫地问医生："为什么我用的全是大牌护肤品，皮肤却搞
得一团糟？"　…25

PART 2

凡事皆有因，谁是敏感肌制造的元凶

No.1　21世纪，敏感危机爆发　…31

No.2　什么是敏感肌　…32

No.3　不当护肤是敏感肌制造大BOSS　…33

No.4　有一种敏感叫"激素脸"　…34

No.5　压力正悄悄夺走皮肤的免疫力　…35

No.6　受之父母的"敏感肌"　…36

No.7　环境污染——皮肤不可承受之重　…37

No.8　你喜爱的食物也可能是过敏原　…38

PART 3

敏感肌修复，路在何方

No.1　敏感肌修复四大原则　…43

　　　护肤做"减法"，敏感首要"断、舍、离"　…43

　　　懂得"养颜"的含义，才能让敏感偃旗息鼓　…45

　　　修复敏感不仅仅是护肤品的事儿　…46

　　　管住好奇心，让皮肤过上安稳日子　…47

No.2　各种敏感肌的修复要点　…48

　　　测测你的敏感类型和敏感等级，知己知彼才能百战不殆　…48

　　　天生敏感脆弱肌，如何把握护肤火候　…49

　　　面对突发过敏，护肤向左走、向右走　…50

　　　湿疹、荨麻疹，三分治、七分养　…52

　　　儿童湿疹，考验家长的护理智商　…53

　　　紫外线过敏怎么办　…54

　　　激素脸修复之路，先要迈过"三道观"　…56

No.3　解除疑惑，让美丽回归　…58

　　　排毒说法是否可信　…58

　　　激素脸和普通敏感肌有什么不同　…61

激素脸能彻底修复吗？需要多长时间 …61

为什么激素脸在修复的路上时好时坏 …64

PART 4

中药美容，东方护肤大智慧

No.1 中药组方，调理皮肤的代谢失衡 …69

No.2 整体观，让中药美容的效果持久稳定 …70

No.3 面膜莫忘中药膜 …71

No.4 5大优势让你对中药面膜刮目相看 …73

原生态、真面膜 …73

营养、调理兼备 …73

美白不激进，让你面若桃花 …75

修屏障、调免疫，让皮肤摆脱敏感纠缠 …75

中药祛痘，清透彻底不需针清 …76

No.5 历史长河，她们是鼎鼎大名的中药护肤代言人 …77

集美貌和权利于一身的女皇武则天 …77

集三千宠爱于一身的杨玉环 …78

堪称宋代美容专家的永和公主 …79

近代奢侈美容第一人的慈禧老佛爷 …80

PART 5

护肤如何排雷，避免"敏感肌制造"

No.1 过度清洁害死皮肤 …85

No.2 你超爱的面膜贴可能是虐肤高手 …86

No.3 你随身携带的"喷雾"恰恰是干皮制造源 …88

No.4 高倍防晒霜真的是日常护肤必需品吗 …89

No.5 忽视防晒剂的叠加，会让皮肤"压力山大" …90

No.6 大牌护肤也会撑坏皮肤 …91

No.7 大牌光鲜的外表下有你不懂的复杂的配方 …92

No.8 敢为天下先的护肤弄潮儿，往往是最大的受害者 …93

No.9 "成分党"痴迷成分，却忽略了皮肤 …95

No.10 时髦的美容仪或许是皮肤问题帮凶 …97

No.11 频繁"医美"让皮肤变脆弱 …98

No.12 缺乏判断力，往往是敏感肌制造的开始 …99

No.13 专家的话也要辩证地听 …101

·下篇: 护肤需要智慧·

PART 6

护肤从了解皮肤开始

No.1　皮肤是什么　…109

　　　表皮是至死不渝的"角化细胞"　…110

　　　黑色素细胞——表皮里的遮阳伞　…112

　　　真皮——你期待的满脸胶原蛋白就在这里　…113

　　　皮脂腺——皮肤的天然滋润剂，也是痘痘的制造源　…114

　　　汗腺——担任保持体温和排毒的双重重任　…115

No.2　皮肤屏障有多重要　…117

　　　"机械屏障"阻挡外来冲击　…117

　　　"生物屏障"扛起阻止有害菌和免疫的大旗　…118

　　　"化学和紫外线屏障"让皮肤有效抵挡外界不良环境　…119

No.3　哪些因素会影响皮肤美丽　…120

　　　无法撼动的遗传基因　…120

　　　激素对皮肤的神奇作用　…121

　　　食物对皮肤的影响　…121

　　　压力破坏皮肤美丽　…122

　　　环境污染和紫外线　…123

　　　化妆品对皮肤的影响　…124

　　　运动和睡眠是美容好帮手　…124

PART 7

撩开护肤品的神秘面纱

No.1　认清化妆品中的潜在危险分子——表面活性剂 …129

　　何谓表面活性剂，有何危害 …130

　　惊讶吗？你的生活已被表面活性剂包围 …132

　　如何降低表面活性剂危害，保护自己及家人 …133

No.2　不得不防的防腐剂 …136

No.3　香精和色素，只是魅惑了鼻子和眼睛 …137

No.4　化学防晒剂——除了防晒一无是处 …138

No.5　哪些产品属于交智商税的产品 …139

No.6　如何理解、选择和识别药妆品 …143

No.7　东西方药妆品哪家强 …145

　　无论东西方药妆品，配方简约、温和是原则 …146

　　西方药妆品主打单一成分，而中药则是组合拳 …146

PART 8

爱美需会吃，如何吃出健康美肤

No.1　美肤饮食无优劣，均衡营养是王道 …157

　　主食必须吃，粗细搭配是最佳 …158

　　多吃蔬菜和水果，过犹不及要记得 …159

大豆、坚果和牛奶，营养保健是最佳 …159

吃肉首选鱼和禽，红肉少量不能多 …160

烹调要清淡，要用好油 …160

美肤饮食不过量，体重稳定最重要 …161

一日三餐不可少，分配合理更重要 …161

男女都是水做的，白水省钱又美肤 …162

饮酒应限量，戒掉碳酸饮料和奶茶 …163

吃新鲜卫生的应季食物 …163

No.2 饮食多样轮替吃，别让慢性食物过敏害了你 …164

No.3 肠道好，脸才好 …166

你的肠道不简单 …166

肠道好才能消化好、吸收好 …167

肠道菌群，健康肠道好帮手 …167

No.4 营养补充把好三关，吃出健康，收获美肤 …174

PART 9

中医智慧，"整体"及"平衡"之美

No.1 中医养颜智慧，做好"里子"才有好"面子" …179

No.2 好气色离不开充盈的气血 …180

No.3 外在美得益于五脏平衡 …182

No.4 健康美肤，从认识脾开始 …184

脾胃好的女人最美丽 …185

长寿之人都懂得养脾 …185

美肤行动，从避免伤脾开始 …186

哪些表现说明养脾势在必行 …190

健脾药房在厨房 …191

No.5 养脾四季有别，让美顺应自然 …195

春季养肝护脾 …195

夏季养心健脾 …195

秋季润肺补脾 …195

冬季滋阴补肾健脾 …196

PART 10

正确的护肤观才是美肤护身符

No.1 整体调理观，从全局认知护肤 …201

No.2 减负护肤观，放手给皮肤松绑 …202

No.3 排毒养颜观，让皮肤自在而美丽 …204

透视敏感肌

""

肌肤敏感是目前最常见的皮肤问题。尽管导致敏感肌的原因有多种，但"人为制造"仍是不容忽视的根源。

当今的爱美女性，如果不深刻了解护肤方式与敏感肌的关系，仍然对护肤缺乏正确的观念，迟早还会让护肤变成敏感肌制造。

本篇内容会带领我们从敏感肌产生的原因、影响因素，到如何修复敏感肌，东西方护肤观对敏感肌的认知等多个层面，对敏感肌进行全方位剖析。

这不仅是敏感肌的护肤指南，更是对现代护肤方式的一次全面解读。

让我们从中感悟：到底该如何护肤。

""

Part 1
敏感肌，作出来的
"美容病"

从60、70后，到80、90后，甚至00后，无论时光怎样穿梭，敏感肌制造都从未停止。方法不同，手段各异，但从他们的经历中似乎能找到共同的影子。

我在和敏感肌打交道的十几年时间里，见证了当代老、中、青各年龄层敏感肌形成的历史。虽然导致敏感肌的因素有多种，但不当的护肤方式和错误的护肤观念仍占首位。归结起来原因主要有两种：

其一，对皮肤和美容知识的缺失，导致对护肤效果过度追求短、平、快。这些人的共同特点是：只要卖家敢承诺，我就敢用皮肤尝试。

其二，在美容或寻求解决皮肤问题的方法时缺乏正确的判断力，误入不良化妆品陷阱或乱用激素药物，导致皮肤受到伤害。

No.1 十年大牌抗衰老，
皮肤渐变敏感肌

现在的"换肤术"虽然不像过去那样简单粗暴，但换肤的本质其实还是如出一辙，如激光美容，在抗衰老产品中添加果酸、视黄酸（维生素 A 酸）、水杨酸等角质剥脱剂。

近期遇到一位女士，近一年因突然皮肤变得敏感而不敢使用任何护肤品。经询问，这位女士日常使用的护肤品可都是响当当的大牌，不像是因为乱用不良产品导致的激素脸，但皮肤确实很薄、泛红。

经仔细交流才发现，她十几年一直使用抗衰老产品，其中都含有果酸、视黄酸等角质剥脱成分。分析后她恍然大悟，承认随着年龄的增长，她加大了抗衰老产品的使用力度，甚至每天晚上都涂上厚厚的面霜，面膜也越敷越勤。

结果突然有一天，皮肤发生了严重的红肿，从此皮肤再也无法正常使用护肤品了。

No.2 她天天手捧小红书、刷抖音、跟帖看护肤经验分享，

却把自己变成了敏感肌

她是个 90 后女孩，家境很好。大学毕业没多久，就找到了不错的工作。她最大的乐趣就是护理皮肤。她给自己制定的护肤标准是每个月在护肤品上的花费不低于 1000 元。

为了找到有效果的好产品，她经常上网浏览，认真观看那些护肤心得和推荐。只要自己动了心的产品，不管家里有没有，都会果断购进。特别是面膜，家里的库存从来没有低于过 70 片。购进之后认真使用，并用心观察皮肤变化。如果没有推荐者说得那么好，就立刻半路丢弃，再去寻找新品，以至于她家里没用完的护肤品积攒了几箱之多。

而她对面膜的喜爱更是到了痴迷程度。每天回到家必做的功课就是敷面膜。为了达到效果，甚至一晚上连敷几片面膜。保湿、清洁、美白一样都不能少。

渐渐地，她觉得皮肤越来越不好，闭口、黑头长不停，从来不长痘的她还起了青春痘。更糟糕的是，皮肤越来越敏感，越来越暗沉。

No.3 妈妈的无知，
毁了女儿的美丽与健康

见到张小姐的时候，她才三十岁出头，但给我的感觉要比她的实际年龄苍老很多，脸上的皮肤非常干燥，起着鳞屑，还一块块儿泛红，脸颊有明显的红血丝，皮肤看起来非常薄，而且由于皮肤干燥，生出了很多细纹，身体也比较胖。

当张小姐告诉我她曾经是一位身体苗条、皮肤白皙的姑娘时，我已经无法将两者联系到一起。之后，她痛苦地向我倾诉了不堪回首的"美丽往事"……

张小姐十五六岁的时候，已经出落成非常漂亮的姑娘，但是因为青春期的缘故，脸上动不动就长几个痘痘。张小姐本人并没在意，但她有位爱美的妈妈，看到女儿脸上的青春痘很是着急，今天弄点药膏，明天弄点祛痘膏，让她涂涂抹抹，虽然见了些效果，但痘痘仍然顽固地"此消彼长"。

有一天，妈妈兴高采烈地告诉女儿，从朋友那里弄来一个"祛痘秘方"，可根治痘痘。秘方是将甲硝唑（抗生素）、地塞米松（激素）

片剂压碎后加入到绿药膏（林可霉素利多卡因凝胶）中，每天当护肤品涂抹。从那以后，张小姐每天都按妈妈的要求涂抹这个所谓的"祛痘良方"。不错，果然见效很快，第二天痘痘就减轻了，皮肤也变得细腻起来。这种神奇效果让母女二人非常兴奋，更坚定了坚持使用的决心。就这样，这个神奇的自配秘方药膏伴随张小姐走过了五年时光。

当她上大学之后，想像其他女孩子一样购买自己喜欢的化妆品时，才发现自己的脸什么护肤品都不耐受了，唯一能用的就是那个神奇的自配秘方药膏。如果一旦停止使用，皮肤就会出现红、肿、痒、痛等过敏症状，而且仔细看，脸上不知道什么时候已经布满了红血丝，汗毛也比其他女孩子重。更可怕的是，"神奇的药膏"已经让她欲罢不能。她的妈妈得知这个情况之后，带她去医院检查，才知道她患上了激素依赖性皮炎。

知道这一结果，她的妈妈追悔莫及，于是又开始领着女儿踏上了求医问药之路。各大医院、美容院都留下她的身影，这当中又有多次上当，重新陷入"激素陷阱"，使皮肤进一步受到伤害。

到后来，张小姐不再相信任何人、任何皮肤调理机构了。这些痛苦的往事给她造成了极大的伤害，甚至性格都变得自卑、敏感了。

No.4 当初让她快乐的药膏，
最后成了焦虑的根源

见到王女士时，她的脸上布满红血丝和大片的红斑，皮肤轻微红肿。她是经朋友推荐找到我的。她说："现在这样，已经是在医院打了一周吊瓶的结果"。

王女士已经有 10 年断断续续使用激素药膏的历史。当她明白自己已经是严重的激素脸后，在 20 天前下决心停掉激素。刚停的时候，皮肤红肿得连眼睛都看不到了，且奇痒无比。在医院打了一周吊瓶，虽然有些消肿了，但皮肤症状依然很严重。

她给我讲述了使用激素的历程。

王女士今年才 40 岁。年轻时，因为皮肤总是隔三差五地冒出几颗痘痘，经朋友推荐开始使用激素药膏，因为感觉效果很好，所以每次皮肤有点小问题就用药膏解决。但渐渐地，她发现皮肤出现了红血丝，并且不用药膏皮肤就变得红、痒。

最近几年,由于媒体总报道激素的危害,她才认识到问题的严重性,开始不停地到处寻找治疗方法,但效果都不尽如人意,最后还是没戒掉激素药膏。

由于家庭经济条件并不宽裕,夫妻开始因为这张脸而闹矛盾,以至于最后导致她内心极度焦虑。一方面仍然渴求皮肤康复,另一方面又苦于找不到好的方法,加上来自家庭的压力。在这两种矛盾的交织中,她变得越来越烦躁。她目前不仅是被皮肤过敏困扰,焦虑的情绪更是让她寝食难安。

当我和她聊了一个多小时后,她告诉我,她本来已经很久没耐心听人说她的皮肤了,今天真的不知不觉听进去了。

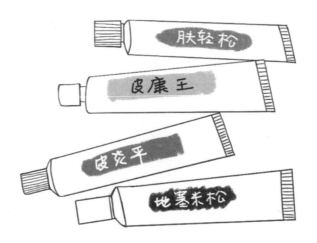

No.5 她迷茫地问医生：

"为什么我用的全是大牌护肤品，皮肤却搞得一团糟？"

在一次学术会议上，一位皮肤科教授讲了一个患者的故事。

有一天，这位医生坐诊时，一位穿戴讲究的女士拎了两大兜大牌护肤品来到她面前，疑惑不解地询问：我不乱用化妆品，用的全是大牌，为什么皮肤却越来越不好。

这位教授事前声明并不是诋毁大牌，而是说过度或不当护肤就是伤害皮肤。

我也遇到过类似的情况。一位很年轻的女孩，因皮肤敏感找到我寻求帮助。经询问，小小年纪的她购买化妆品的标准非常特别：专门购买含有流行成分的产品，专挑各个品牌的所谓"爆品"。

因此，她脸上会同时涂抹很多品牌。按她的话说，她脸上涂的是冠军单品及王牌成分的组合。

按理说这样操作应该皮肤好才对，但具有讽刺意义的是，她的皮肤在"冠军天团"的呵护下却滑向敏感。

最后我告诉她，与其靠网络查成分表购买护肤品，不如自学一下皮肤及化妆品知识，树立正确的护肤观，这样才能让皮肤真正受益。

　　其实，就算网络科普能告诉你某些化妆品成分的作用，但如果你不具备系统分析能力，对你的护肤也可能毫无帮助，甚至起反作用。

神仙精华液

干细胞精华

超强卸妆乳

东方护肤语录

●本章的故事应该成为每个女性的护肤警示录，因为这样的故事并没有因为时代的进步而消亡。新的美容妙招只不过是过去式又披上了新的外衣，仍在时刻诱惑着缺乏判断力又爱美的女性。

●任何事物都有正反两面，化妆品也不例外。选对、用对产品，会让皮肤受益，成为美肤天使。但如果选择错误或用法不当，护肤品也会成为毁肤的魔鬼。

Part 2
凡事皆有因，谁是敏感肌制造的元凶

为什么美容护肤科技高度发达的今天，敏感肌人群数量却呈现爆发式增长？

如今，中国消费者在美容护肤方面的见识可以比肩世界，几乎可以接触到全世界成千上万种护肤品牌及先进的美容服务。

如此我们的皮肤应该变得越来越好、越来越健康才是。但结果却令人遗憾。

据权威部门调查，我国女性敏感肌人群已经接近四成，在四川、贵州等食辣地区，敏感肌人群数量更是庞大。街头问卷调查结果显示，竟然有高达六成以上的女性自认为是敏感肌。

我们知道，凡事皆有因。你今天的皮肤或身体表现，就是你既往护肤和生活方式的集中反映。

谁是敏感肌制造的元凶？

只有弄清楚这个问题并加以避免，才能真正走向健康护肤之路。

No.1 21 世纪，
敏感危机爆发

　　污染的生活环境、快节奏的工作及生活压力、混乱的作息时间、外来的异种植物入侵及地域食物的全球化、紫外线、不良的护肤和饮食习惯等，都可能成为敏感肌的催化剂。

　　早在 2005 年，国际变态反应组织（WAO）联合国际卫生组织（WHO），对 30 余个国家的过敏性疾病状况进行了调查，发现随着大环境的改变，这些国家的过敏性疾病的人群越来越多，并以每十年翻一倍的速度增长。

　　专家们预言，到 2030 年，过敏性疾病的发病率在发达国家将达到 50% ～ 60%，全球过敏时代即将到来。

敏感，
是身体向我们
发出的警告信
号。

7 月 8 日
世界过敏性
疾病日
WAO
WHO

　　为了提高人们对过敏性疾病的认识，这两个国际组织将每年的 7 月 8 日定为"世界过敏性疾病日"，提醒人们重视过敏性疾病。

No.2 什么是敏感肌

　　敏感是皮肤免疫力低，对本来无害的物质容易发生过度反应的一种皮肤亚健康状态。

　　皮肤过敏的外观常表现为刺痛、发红、干痒、脱屑、丘疹、红斑、红肿、水泡、结痂等。如果是激素脸，还表现为皮肤明显变薄、有红血丝等。

No.3 不当护肤是
敏感肌制造大 BOSS

女性对化妆品总是充满无限期待和美好想象，这本身并没有错。但很多女性都奢望化妆品像神药一样发挥即时作用并快速消除问题。毫无疑问，这是不现实的幻想。

现代化妆品不管怎么宣传，说到底，其属性是日用化学工业品。虽然随着科学技术的进步，天然化妆品成分不断增多，但其基本组成仍是多种化学物质的集合体。

你所关注的商家宣传的有效成分，其背后是复杂的化学配方表。你所信赖的大品牌也不例外，可能他们的成分表更为复杂。历来，化妆品中的香精、色素和防腐剂就是导致过敏率升高的成分，被称为化妆品"三害"。另外，有不法厂家为了片面追求市场利益而违规在化妆品中添加抗生素、激素来满足女性不切实际的求美心理，这也使得化妆品过敏人数逐年增加。

在人们对化妆品和皮肤知识匮乏的时代下，化妆品的不当使用已经成为敏感肌制造的最大根源。

No.4 有一种敏感叫"激素脸"

"激素脸"又叫面部激素依赖性皮炎，是由于间断或长期滥用激素药膏或暗含激素的美容化妆品，引发激素不良反应所致的一种严重皮肤病。

激素脸不同于普通的皮肤敏感或过敏。长期滥用激素不仅会严重破坏皮肤的正常生理结构和功能，严重者还会影响身体健康。

激素脸在医学上治疗非常棘手，通常恢复健康需数月或按年计算，严重者终身不可痊愈。因此，对激素伤害必须加以重视，了解激素的真面目。

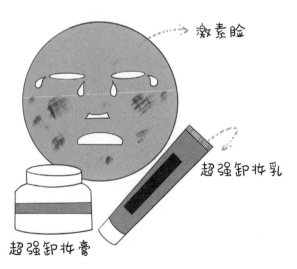

激素脸

超强卸妆乳

超强卸妆膏

No.5 压力正悄悄夺走
皮肤的免疫力

科学已经证明，心理压力、职场竞争、工作压力、人际关系、孤独、突发事件等皆可引起应激压力，诱发多种疾病。

在影响皮肤过敏的诸多因素中，心理压力所占的比例越来越大，这也说明为什么社会越发达，过敏发病率越高。

在本书最后一章中，大璐老师的经历就是典型的压力过敏。在她经历环境、工作等一系列因素改变之后，突然爆发脸部湿疹。这样的例子在皮肤科会经常遇到，如突然失业导致的还贷压力；家庭矛盾升级导致的情感压力；南北方调动导致的气候环境压力等。

持续得不到缓解的压力，会导致人体免疫系统失调，不仅使皮肤变得异常敏感，而且会诱发各种身体疾病。

同时，压力也影响过敏皮肤的修复进程，使皮肤过敏症状迁延不愈或反复发作。

当你突然变得皮肤敏感或患上湿疹、荨麻疹时，要仔细寻找过敏的蛛丝马迹。不要忽视压力这个因素，很可能是它在背后捣鬼，让皮肤过敏成了压力的"出气筒"。

No.6 受之父母的"敏感肌"

　　根据医学统计：父母其中一人是过敏体质，子女就会有 1/3 的过敏概率；父母两人皆为过敏体质，子女则有 3/4 的过敏概率，可见基因的强大力量。

　　天生敏感肌就属于父母遗传所赐。这类皮肤天生耐受力比较差，容易引发过敏，而且越是高档美容护肤品，皮肤越承受不了。

　　湿疹、荨麻疹、紫外线过敏、鼻炎等也多半与遗传有关。

　　张小姐才二十几岁，长得漂亮，皮肤好。但是让她苦恼的是，从记事起皮肤就敏感。小朋友们经常偷偷涂抹大人的护肤品，别的小朋友没事，她的脸就会又红又痒。长大之后经她反复筛选才知道，她的皮肤只能用六七十年代奶奶使用的雪花膏，现在只能在一些路边摊买到。

　　她很害怕哪天这样的产品消失就会导致她的皮肤无产品可用。更不甘心的是，她较好的家庭条件和漂亮的脸蛋只能使用如此低价的产品。

　　因此，她一次次走进美容院，但每次都是刚洗完脸，没等按摩，她的脸就进入紧急状态，吓得她赶紧清洗掉，结束尝试。这就是典型的天生敏感肌表现。

No.7 环境污染——
皮肤不可承受之重

花粉

在花粉传播季节，微小的花粉颗粒散布在空气中，随空气四处飞扬，导致皮肤过敏及诱发鼻炎等。

尘螨及有害气体

灰尘中的微生物（螨虫、细菌）、装修中散发的甲醛及汽车尾气等都是常见的过敏原。

宠物

宠物脱落的毛发、皮屑和身体携带的病菌、微生物等已成为很多人过敏的因素。

季节、温度

急剧变化的温度使皮肤难以适应，导致很多人在洗浴后或秋冬季节发生皮肤瘙痒，甚至过敏。

紫外线

大气污染导致臭氧层的破坏，使到达地面的紫外线增强，从而导致皮肤过敏。

No.8 你喜爱的食物
也可能是过敏原

在我们的常识中，食物通常是安全的，但对过敏体质的人来说，可能很普通的食物就会引发过敏。芒果、花生、鸡蛋、海鲜等，对食物过敏的人来说都可能成为过敏原。

随着科学的进步，人们发现不仅仅是皮肤过敏与食物有关，身体的很多疾病都与食物引发的炎症有关。有一本书叫《别让慢性食物过敏害了你》，充分描写了慢性食物过敏的危害。这种慢性过敏可能体现不出来，但它确实存在，并且影响着我们的健康和美丽。

特别是在当今的快餐时代，很多人皮肤过敏与不良饮食导致机体内毒素增多也不无关系。

所以爱美人士在关注外在美的同时，也不要忽视食物带来的过敏风险。

东方护肤语录

●凡事皆有因，皮肤敏感也不例外。

●你烦恼的皮肤问题，既有外在的原因，也有内在的影响因素，甚至压力都会成为问题的主导。

●当皮肤出现问题时，不是急三火四寻找所谓"速效妙方"，而应和皮肤及近期的身体状况来个深入交流，理清皮肤表象背后的原因。只有自己细心，才能发现原因。或治疗、或养护，只要原因可寻，结果自然圆满。

Part 3
敏感肌修复，
路在何方

做任何事情如果想得到好的结果，前提必须是你做的事儿是正确的。如果你做的事情本身就不正确，那么你越努力，结果可能就会越糟糕。

女性护肤常常犯的就是这样的错误——很努力护肤，但由于护肤的方式是错的，所以，越努力、越认真护肤，可能对皮肤的伤害越深。

在我与敏感皮肤人群打交道的过程中，遇到过很多这样的女性，看到她们被自己一次次伤害的脸，我既感到痛心，也感到无奈。

如今，敏感肌修复类产品有很多，品质良莠不齐，甚至仍然有打着天然旗号却暗中添加违规成分的产品。

对消费者来说，如果对皮肤伤害没有足够的正确认识，修复之路仍然会找不到方向。

No.1 敏感肌修复
四大原则

护肤做"减法"，敏感首要"断、舍、离"

纵观这几十年中国女性的护肤发展历程，就是一个不断做加法的过程。几十年前，可能只要一瓶雪花膏就能完成护肤，但现在的女性，要保湿液、乳液、面霜、精华液、眼霜、面膜……这些还不够，还要睡眠面膜、鼻贴、颈膜、手膜等五花八门的护肤产品。晚间，仅清洁步骤就需要卸妆、洗脸、爽肤，甚至去角质、敷清洁面膜等。早上还需加上防晒、妆前乳、隔离霜、粉底、彩妆等。似乎每年都有护肤新举措，涂抹的层数越来越多。

近来，为了满足女性求美无上限的需求，不少商家又引领起"美容仪＋护肤"的创新销售模式。果不其然，一经推出就大受女性欢迎。我只是可怜广大女性的皮肤，是不是还能经得起这样的折腾。

我常常建议因护肤出现皮肤问题的女性：查一查自己每天从早上到晚上使用多少种护肤品！

再看看每种护肤品后面的成分表，数一数每天涂到脸上多少种成分。女性总认为护肤步骤越多越好，甘愿跟着商家的宣传节奏"起舞"，结果往往是皮肤不堪重负。

过重的护肤负担也会让皮肤得"三高"。

皮肤变得越来越敏感，或经常被痘痘困扰，或皮肤越来越暗沉，这些就是皮肤的"三高"表现。

"减法护肤"是我一贯倡导且不断叮嘱女性的护肤法则。面对护肤"过度"，唯一的办法就是"减"。所以说"减法护肤"是让皮肤回归健康的基础。

懂得"养颜"的含义，才能让敏感偃旗息鼓

我常常对急于求得皮肤敏感"多长时间能修复好"的女性说："你知道什么是养颜吗？"我们天天说养颜，但大多数人并不了解其真正的含义。

在互联网时代，多数年轻女性在护肤上沉迷于求助"小红书""抖音""微博"等网络平台，把上面的观点和推荐当成护肤圣经，却不知很多观点本身就是商业性宣传，更有很多观点本身都不科学。再加上部分女性护肤的浮躁心态，很容易把自己的皮肤变成了"试验田"。

再看"养颜"一词，"养"本身是一个时间概念。

我常常拿养生打比喻，养生是一个连续过程，不能指望吃了什么神仙级别保健品就立即长寿了，更不能看人家长寿者爱运动，跟着学几天就长寿了。按正确的生活方式生活一生才叫养生，养颜何尝不是如此呢？

养颜就是给皮肤调整的时间，不急功近利。所以要想修复敏感肌，最好的方法就是回归养颜护肤模式，让时间和正确的护肤方式相结合，找回健康美丽。

修复敏感不仅仅是护肤品的事儿

女性往往在美容上注重外部发力，特别是年轻的女孩子，拿着几千元的工资购买动辄千元的面霜，而生活中却以泡面加快餐度日。

要知道，组成皮肤的每一个细胞的营养都来自体内。没有健康的身体不可能拥有红润有光泽的皮肤，就连最基本的皮肤补水都不是单纯靠保湿液就能完成的。

我曾经遇到一位皮肤超级干燥敏感的女士，皮肤总是反反复复干燥脱皮，怎么补水效果都不佳。因为皮肤干燥得不到有效缓解，所以敏感修复得很慢。

后来经过详细了解才知道，原来这位女士有一个问题，就是不爱喝水。据她说，除了吃饭的时候通过粥或汤补充点水分外，几乎一整天不喝水。我告诉她，改善皮肤干燥，体内补水也很重要。

后来她听从了我的建议开始强制自己喝水，但由于没有养成喝水的好习惯，她每天的喝水量仍然没有达标，但在皮肤上已经看到了效果。

所以，无论是保养皮肤还是问题修复，内外兼修才是真正获得美丽的原则。

管住好奇心，让皮肤过上安稳日子

经常遇到这样的女性，过敏刚刚好转就好了伤疤忘了疼，遇到超炫的广告或闺蜜推荐新品就心里痒痒，忍不住尝试，往往又把皮肤拉回敏感状态。

这些年我与无数激素脸打过交道，遇到很多在皮肤好转后不出半年又回来找我们的经历。一看她的脸，再问问她的经历，无一不是又被所谓的神奇美白或新鲜护肤方法所吸引，重蹈覆辙的结果。

对美丽的追求，对漂亮东西的喜爱，以及对新鲜事物的好奇，是人的本能。但我们必须牢记，皮肤是人体的器官，它不是任由我们摆布的没有生命的东西。

因此，在修复皮肤的道路上只有克制住自己的好奇心，懂得养颜的含义，才能让皮肤真正恢复健康，再现美丽。

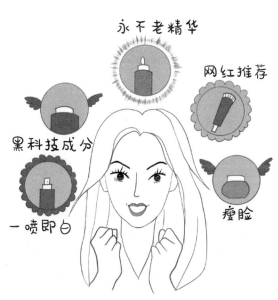

永不老精华

网红推荐

黑科技成分

一喷即白

瘦脸

No.2 各种敏感肌的
修复要点

测测你的敏感类型和敏感等级，知己知彼才能百战不殆

1. 皮肤非常敏感，经常反复过敏。

2. 皮肤目前正处于过敏状态（红、肿、痒、小丘疹）。

3. 平时皮肤状态还好，只是在换季或换护肤品牌时容易过敏。

4. 小时候皮肤就很敏感，不敢轻易使用化妆品。

5. 以前皮肤不敏感，最近几年或近期变得异常敏感。

6. 曾经用过激素药膏（如皮炎平、肤轻松、地塞米松等），或用过祛斑美白脱敏化妆品及做过相应的美容项目。

7. 皮肤虽然敏感，但日常能正常使用护肤品，且都是保养补水的正规品牌。

8. 皮肤非常敏感。平时不敢用任何护肤品，或只能使用少数婴儿产品。

9. 目前仍在使用激素药膏或问题产品，明知道皮肤已产生依赖，但不敢停用。

10. 感觉皮肤变薄，且出现红血丝、脱屑、痘痘、色斑等。

■**天生敏感肤质**：3、4题回答"是"者。

■**偶发过敏**：2、7题回答"是"者。

■**轻度伤害肌**：3、5题或6、7题回答"是"者。

■**中重度激素脸或伤害肌**：1、5、6、8、10题中，有3条以上回答"是"者。

■**极重度激素脸或伤害肌**：9题回答"是"者。

天生敏感脆弱肌，如何把握护肤火候

天生敏感肌的人，在护肤品上既不能盲目乱用，也不能什么都不用。

天生敏感肌的护肤原则：

选择温和配方产品

购买护肤品前先局部试用，在耳后或前臂做局部涂抹，观察判断是否适用。

慎选美容、医美等项目

那些看似效果明显的项目，会让天生功能薄弱的皮肤难以承受，给皮肤带来难以修复的伤害。

接受简约护肤

记住，不贪心就是最好的护理方式。

不要频繁更换护肤品牌

因为敏感肌的人天生适应力差，所以不要瞎折腾，更不要在换季等皮肤比较脆弱的时期更换品牌。

过敏期要慎用激素药物

即使是万不得已的情况，也要在医生指导下使用激素药物。

改善过敏体质

天生敏感肌的人多半是过敏体质，所以改善体质更重要。

面对突发过敏，护肤向左走、向右走

红、肿、痒、长丘疹，这都是皮肤突发过敏的常见表现。它可能在你换新品牌兴奋之时突然造访，也可能在换季或生理期不期而遇，甚至不明原因就打你个猝不及防。

面对突发过敏如何处置，就很可能决定了皮肤今后的命运。这听起来有点危言耸听，其实一点都不为过。因为很多激素脸都是由一次突发过敏的不当处理导致的。

我遇到过一位女大学生，在一次军训出汗又暴晒后突发过敏。在学校附近的美容院做了脱敏，皮肤很快好转。但没过多久皮肤又在训练后出现不适，虽然没有明显的症状，但她还是去做了护理。这样反复折腾几次后，她的皮肤逐渐有些"不听话"，总是动不动就过敏，让她很是烦恼。

在皮肤测试仪的放大镜下，可以看到她皮肤的角质层已经很薄，表现出了一些激素伤害症状。

听了讲解后她很后悔。如果当初她能冷静对待过敏，适当休息一下，调整身体并注意一下饮食，采取温和的护理方式，可能过敏症状就会自动消退。

当过敏突然来袭，莫慌张，多反思

xxxx美容院

审视自己过往的护肤习惯

是不是用力过猛，如过度清洁、过度护肤、面膜使用过勤等，赶紧给皮肤减负松绑。

审视自己的生活和工作

是不是压力过大或生活极其不规律。熬最晚的夜、涂最贵的面霜、吃着泡面的生活也会让身体不堪，找皮肤出气。

审视自己的采购习惯

是不是总是以见效快为标准选购产品，或又介入美容新技术。如果是，赶快停止，否则有可能让皮肤不知不觉步入美丽陷阱。

如果通过上面的仔细分析，能找出一些导致过敏的蛛丝马迹，那就不用太慌张，可以采取医疗或护理的手段缓解症状，更重要的是，及时纠正错误的护肤方式，悬崖勒马才是皮肤幸事。

湿疹、荨麻疹，三分治、七分养

湿疹、荨麻疹等都属于过敏性疾病。由于发病的原因复杂，影响因素众多，且多半在急性发作时需要激素参与，所以往往伴随或多或少的激素依赖，让康复更加棘手。

很多人因为疾病常年不愈而干脆自暴自弃，在生活中也不再注意保护，发作时就用激素缓解。这样的行为会让湿疹、荨麻疹步入恶性循环，给日常生活带来无尽烦恼。

我们都知道胃病有"三分治、七分养"的说法。其实，难缠的过敏性皮肤病同样适用于这个道理。

拿湿疹来说，由于皮肤屏障功能很弱，很容易因体内外各种刺激因素导致过敏。而且虽然叫湿疹，但过度潮湿和过度干燥都不利于湿疹修复。所以日常要做好皮肤保湿工作，并尽量避免接触化学品，如沐浴液、洗洁精、洗衣粉等，让皮肤有一个良好的修复环境。

事实证明，即便是难缠的湿疹，在医学治疗的同时，如果遵守敏感肌护理原则也同样奏效。只要我们方法得当，往往会收获让人惊喜的回报。

儿童湿疹，考验家长的护理智商

目前，由于剖宫产、非母乳喂养、过早接触化学品等诸多因素，导致儿童湿疹的发病率越来越高。

有些家长不懂如何护理孩子的皮肤，在孩子湿疹发作时只知道使用药物治疗，甚至乱用激素药膏，这往往会让孩子的湿疹越来越重，迁延不愈。

对婴幼儿湿疹要慎用激素。因为孩子的皮肤比较薄弱，容易产生不良反应，也更容易透皮吸收而影响健康。曾有乱用激素导致孩子股骨头坏死的报道，这些都给家长们敲响了警钟。

要知道，不管多么难缠的湿疹，科学治疗加上合理的护肤及饮食调理都会收到良好的效果。当然，这一切都需要家长的付出和努力。

紫外线过敏怎么办

盛夏季节，裸露的皮肤被太阳一晒就会出现红斑，甚至水泡，痒痛难忍。过了几天患处便脱皮，并留下暂时性的色素沉着，这就是典型的紫外线过敏。

有专家指出，反复紫外线过敏是皮肤癌的温床！但更常见的是因紫外线过敏而不当使用激素导致的皮肤伤害。

我曾经遇到一位女士，为其儿子咨询紫外线过敏如何修护。从她口中得知，他的儿子已经处于绝望的人生状态。

这一切都源自一次西藏旅行。因为是男孩，不注意皮肤保护，在旅游中没有采取任何紫外线防护措施，被高原强烈的紫外线晒伤后全身出现过敏反应，在应急情况下大量使用了激素药膏外涂。虽然当时症状得到了控制，但从此就变得对紫外线异常敏感，经常出现皮肤过敏。最糟糕的是，每次过敏都没去医院采取正规治疗，而是仍然擅自使用大量激素外涂。

由于激素使用量过大，且使用时间较长，以致身体因吸收激素而开始发胖，现在已经离不开药物了。这样复杂的病情我只能告诉她：单纯靠护理已经很难，建议他到医院接受系统性治疗。

对紫外线过敏的处理方法不可小觑，然而很多人不以为然，过敏了拿来药膏就随意使用。这样处理不仅导致皮肤更加脆弱，激素依赖还会让紫外线过敏雪上加霜，越来越难以恢复。

所以，预防紫外线过敏最好的方式就是合理护肤加硬核物理防晒。

1. 严重过敏者建议穿衣戴帽，这是最安全可靠的纯物理防晒措施。

2. 平时做好皮肤护理，避免皮肤干燥，增强皮肤免疫力。

3. 日光晒伤后不要抓挠，回到室内应先用冷水镇静皮肤，然后使用具有镇静舒缓效果的护肤品，不要随意使用激素药物。

4. 正确选择和使用防晒霜。对严重紫外线过敏者，选择适当防晒倍数的防晒霜，以及衣、帽、伞等，化学防晒和物理防晒相结合，效果更好。

5. 日常活动避开早 10 点到下午 3 点的紫外线高峰期出门。

6. 配合身体调理，从机体内部加强力量，减轻过敏反应。

最硬核的防晒方式

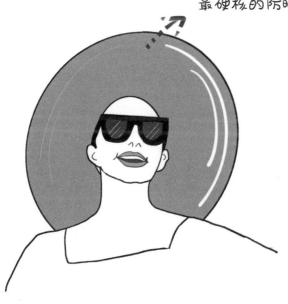

激素脸修复之路，先要迈过"三道观"

认知观

对激素伤害有正确的认识是修复激素脸的前提。

现实中，很多女性对激素危害认识不足，一是认为自己皮肤就是普通的敏感而已，二是不知道激素伤害的严重性，因此，在激素伤害的路上越走越远。

这样的人常常在修复的道路上也容易误入歧途，仍然以快速见效为评判标准，或在修复的道路上盲目地东一头、西一头，不断地半途而废。如此特别容易再次误入激素陷阱。

因此，只有认清激素脸伤害的严重性，才能顺畅地度过修护关。

信心观

坚定的信心会让皮肤和身体充满正能量，有利于激素脸的修复。

激素脸是一个漫长的伤害过程，当皮肤已经明显变薄、敏感，什么护肤品都不太敢用的时候，可能是你之前几个月，甚至几年、十几年不良护肤习惯的累加伤害所致。所以在修复的路上也需要有一个过程，甚至用加倍的时间来偿还。

因此，树立坚定的信心对顺利修复激素脸十分重要。

前面提到的那位用了十几年激素药膏的女士，也真诚地说出了她的烦恼。最后她告诉我，她第一次静下心来和我交流，因为她感觉到了我的真诚。

实践证明，越是那些清晰认识到皮肤伤害的严重性并坚定信心，有耐心修复的人，越是能排除压力，顺利到达健康美丽的彼岸。因为人的信念能让身体发挥最大潜能，也有利于免疫功能的恢复。

耐心观

就像我上面所说，敏感肌、激素脸的形成，多半是长期不当护肤导致积累伤害的结果。修复的路上更是要用加倍的时间偿还。但由于很多人对化妆品伤害认识不足，对伤害修复的过程仍然抱急功近利的心态，多年的伤害总幻想短时间可以修复。这样的人也是最容易再次掉入激素陷阱，步入恶性循环的。

皮肤是一个复杂的生态系统，就像我们环境的污染、生态的破坏一样，需要耐心系统性调理，给皮肤修复的时间。只有这样，才能慢慢修复被激素破坏的皮肤结构和功能，再现健康与美丽。

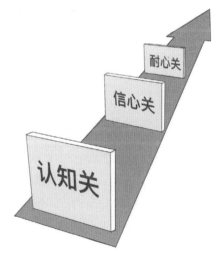

No.3 解除疑惑，
让美丽回归

对敏感肌修复，人们往往纠结修复时间及修复过程中的皮肤表现是否正确。因此，对敏感肌、激素脸在修复过程中常见的疑惑，我结合自己的专业知识及 15 年对各种敏感肌的指导经验，给出几个自己的看法，供大家参考。

排毒说法是否可信

近年来，无论是美容护肤界还是养生界，"排毒"都是颇为流行的词汇。专门讲排毒的书籍也有不少。但是对于"排毒"一说，总是有人肯定，有人否定，作为消费者更是无法判断真伪。

那么对敏感问题，特别是激素脸的修复，排毒一说我们应该怎样理解呢？

Q1. 既然要排毒，
　　那就要知道到底什么是毒？

　　我们可以这样理解所谓的毒，即一切身体不需要的有害物质都可以称其为"毒"，像病毒、细菌、尘螨、空气中的化学污染物、紫外线、食物中残留的农药、肉中残留的抗生素等，甚至噪声、辐射等都可以称为"毒"。

　　同理，护肤品中有很多种皮肤不需要的化学物质（过量的激素、抗生素等），对皮肤来说当然是毒了。

　　既然有些物质对身体是有毒的，那么"排毒"当然就是成立的。

Q2. 我们的身体如何排毒？

　　我们的身体有一套完善的排毒系统，肝脏就是最大的解毒器官。还有大家熟悉的肾脏、肠道都对机体的排毒发挥重要作用。

　　你知道吗？皮肤也是排毒器官，有"第二肾脏"之美誉，甚至有科学家把皮肤称作第一大排毒器官，可见皮肤在身体排毒中的作用。

　　护肤伤害，其实就是化妆品中的不良成分在皮肤中蓄积太多，超出了皮肤的代谢排毒能力，导致皮肤的免疫力降低，屏障功能减弱。

　　在修复过程中，随着受损伤的皮肤功能逐渐恢复及代谢能力和免疫力的提升，排毒能力必然得到提升，由此皮肤对环境的免疫力也逐渐加强。

Q3. 激素脸在修复过程中有排毒现象吗？

排毒现象是指在停用激素产品改用非激素修复类产品时，出现的一过性加重现象。不了解真相的人可能认为是过敏了，甚至有些专业人士也这么认为。

其实，激素依赖性皮炎在修复过程的表现跟戒毒的表现颇为相似。大家都在电视上看过吸毒的人戒毒品过程中痛苦的画面吧。当我们的身体对毒品已经依赖上瘾时，突然戒掉就会出现一系列的不适应，甚至病态表现。

过量使用激素对皮肤来说就相当于给皮肤吸食鸦片。停掉激素产品后，皮肤会对不含激素的产品产生排斥而导致症状一过性加重。

进一步通俗地讲，因为之前使用的含激素产品是目前为止最为强大的抑制过敏的药物，任何不含激素产品在抑制过敏上都无法与之抗衡。所以，阶段性加重是正常的。

"激素依赖性皮炎，在修复过程中只要不用含激素的药物或产品就会出现停激素后的暴发症状。大量的临床治疗病例说明，激素脸不经历反弹症状的痛苦期，不可能走向恢复皮肤的健康之路。如果渡不过这一关，只能是一次又一次的半途而废，反复从头再来"。

激素脸和普通敏感肌有什么不同

每个人都有可能遇到使用不适合的物质引发皮肤过敏，但不会导致皮肤结构的改变。而激素依赖性皮炎（激素脸）因长期使用激素，导致皮肤萎缩、变薄、硬化等结构变化，从而引发皮肤功能衰退。因此，激素脸已经不是简单的皮肤过敏了。严格来说，属药源性皮肤病，也可以说是不当使用激素引发的药物不良反应。目前西方医学对激素依赖性皮炎没有明确而清晰的治疗方法，多数是抗过敏、消炎等对症处理，或使用激素替代药物等。正因为如此，激素脸要想彻底恢复健康，必须使用医学治疗和科学的护肤手段相结合，并给予皮肤足够的修复时间，如此才能取得最后的胜利。

激素脸能彻底修复吗？需要多长时间

激素脸因皮肤结构和功能均已经遭到不同程度的破坏，因此恢复比较困难，一般平均需要 3～6 个月，伤害严重者修复时间要按年计算。

有很多人皮肤变成激素脸之后，由于对激素脸的发生原因和伤害认识不足，仍然要求修复速度，甚至几个月都嫌慢，总是追问有没有快点的方法。我常常不客气地说：有啊，再使用含激素的产品症状立刻就消退。

要明白，激素脸修复不是洗衣服，衣服有污渍洗不净可以用手搓、用强力去污剂清洗。但皮肤是身体器官，修复过程需要一定的时间。

有哪些因素影响修复时间

皮肤伤害程度

我认识一位来自北京的女士，她使用了十几年的激素药膏，皮肤已经出现严重的色素沉积、毛囊发炎，并且弱效激素已经不管用了，必须使用强效激素才能控制皮肤的症状。皮肤外观已经严重受损，满脸都是发炎的脓包且肤色发黑。

她停用激素后又花了10年的时间看病，中医、西医都做过尝试，皮肤有了一些改善，但远没有达到健康状态，还是经常过敏。

偶然的机会她认识了我，说她相信中草药护肤。我辅导她护肤近5年，皮肤才最终摆脱了激素影响，恢复了健康的白皙。她修复的时间比一般的人都长，一是因为她皮肤伤害太重，二是她的年龄比较大，皮肤再生能力弱。

皮肤损伤程度决定修复时间。有的人，伤害较轻可能几个月就明显好转，但如果到了皮肤已经什么都不敢使用的程度，则必须耐心修复，给皮肤调整时间。

年龄因素

年龄决定皮肤更新能力。年龄越大，皮肤修复所需时间越长，即使激素脸伤害的程度是一样的，但年龄大，特别是中老年人面临修复的时间也比年轻人要长。这个道理很容易理解，因为年龄越大，皮肤再生能力越弱。

不可轻视心理压力的影响

激素脸看似伤害的是皮肤，实则所带来的心理压力更是巨大的。有的人因为长期反复过敏、大红脸导致心理自卑，还有的人因为修复之路不顺畅或反复上当受骗而失去信心，也有因每天面临家人的不理解或交际中被人嘲笑而导致心理长期处于压力之下。

巨大的心理压力本身就会影响皮肤的再生能力，致免疫功能不稳定，影响康复时间。这些年在工作中看到很多这样的例子。

有一个姑娘是严重的激素脸。在修复激素脸的过程中又筹备结婚，所以很着急，压力比较大，皮肤时好时坏。也因为脸的原因，导致订婚、婚纱照排期等总是不能确定，最后未婚夫也失去了耐心。这让女孩儿更加着急，而越着急脸越不争气，总是时好时坏，修复得很慢。

其实，这个女孩儿的皮肤已经修复得差不多了，之所以这样，最大的原因就是结婚日程带给她的心理压力。还好，这位女孩儿遇到了一位经验丰富又有爱心的护肤专家。

专家让这位女孩儿把她的未婚夫找来谈了一次。让他知道，他的支持对女孩儿皮肤修复的重要性，由此取得了未婚夫的理解和支持。有了未婚夫的理解和支持，女孩儿的脸修复得很快，心情也随之好转。心情越好，皮肤的修复进程越快。最后如约照了婚纱照，并按期举行了婚礼。

为什么激素脸在修复的路上时好时坏

　　激素脸在修复的过程中不是一口气冲向终点的。有些人可能碰到皮肤明明修复得很好了，但遇到诸如换季或生理期等因素，有时甚至没有明确的原因就突然又加重了。往往很多人不能理解这种现象，甚至觉得又复发了，总期盼有什么好产品能够快速修复，永不复发。

　　激素脸的修复过程是复杂的过程，因为激素伤害的不仅仅是表皮，而是整个皮肤结构（皮肤变薄、角化不完整等）及结构性伤害带来的各种生理功能的紊乱。因此，在修复的过程中也不可能一蹴而就。

　　本质上，激素脸同身体其它器官疾病的康复是一样的道理。恢复健康是循序渐进的过程，有时还会伴随着时好时坏的反复而前进。有时我们看到皮肤的外观已经很好了，比如大红脸减轻了，皮肤变得滋润有光泽了。但在很好的外表下，其实皮肤内部的激素伤害还没有得到完全恢复。因此，在很长时间内皮肤还属于亚健康下的敏感脆弱状态，仍然需要耐心呵护，让皮肤慢慢走出损伤，到达健康彼岸。

东方护肤语录

● 心理压力是美丽的大敌。

● 敏感修复法则 = 减法护肤 + 排毒养颜 + 整体调理

● 问题皮肤修复，特别是激素脸的修复，要允许皮肤走走停停地进步。要给皮肤修复的时间，更要控制浮躁不安的爱美之心。别着急换产品，耐心护理才是最好的护理。

Part 4

中药美容，
东方护肤大智慧

在问题肌修复方面，无论是调理敏感、痘痘、暗沉，还是抗衰老，中药美容都呈现其独特的魅力。

工作中，我遇到过太多大牌护肤加持十几年仍然问题不断的中年女性；也见过年轻一代疯狂崇拜明星成分，最终沦为成分奴隶的皮肤现状。特别是对那些因不当护肤导致的敏感肌，我总是无限感慨，告诉她们中国有自己的好东西，东方护肤智慧才是你的皮肤救星。

中药美容以其独特的原生态综合调理皮肤的能力大放异彩，让现代护肤走出困局。

No.1 中药组方，
调理皮肤的代谢失衡

中药美容护肤是在中医思想的指导下，通过中药外用，配合口服，内外兼修来达到抗衰养颜、修护问题皮肤的目的。它是一种自然疗法，安全可靠，不良反应小。

人体是个复杂的有机体，皮肤是身体最大的器官，和整个身体有机相连。皮肤本身也有着自己独特、复杂的生态系统，不是某一个明星成分能左右的。

中药美容的优势在于整体调理皮肤功能，不同于西式护肤添加某一种明星成分，如胶原蛋白、神经酰胺、视黄醇等。虽然这些成分对皮肤有好处，但这只是一个点的补充。如果皮肤整体代谢运转不畅，这些成分的护肤效果就会大打折扣。

中药美容的优势是顺应机体、皮肤的整体需求，发挥组方的协同作用，让失衡的皮肤和身体重回正轨，这才是中药美容的大智慧。

No.2 整体观，让中药美容的效果 持久稳定

中药美容注重机体和皮肤的表里关系，既要外用滋养皮肤，修护皮肤问题，又注意从内部补益气血、调理脏腑，从而达到标本兼治。

从中医角度讲，皮肤是身体的一个窗口、门户，中医所说的风邪、寒邪，往往从皮肤进入我们体内，如果皮肤的腠理不紧密，就会引发体内疾病。而五脏六腑的机能状态则直接反应在皮肤上，甚至以皮肤病的形式表现出来，如体内脾虚湿气重的话，不仅会让皮肤容易出现敏感、痘痘等问题，还容易患湿疹，同时也是减肥效果不佳的内在原因。而反观爱长斑的人，其机体内部肯定有气血瘀堵的地方，气滞血瘀通常诱发长斑及肌肤暗沉。因此，好皮肤不仅需要来自外部的有效护理，还需要气血充盈的健康体魄做基础。

近些年皮肤因护肤导致的问题发生率越来越高。一方面说明我们的护肤方向走错了，另一方面说明我们的身体内环境也失去了平衡。

历经几千年时间印证的中医药护肤养颜文化博大精深，为我们走出护肤困境，解决皮肤问题指明了方向。

No.3 面膜莫忘中药膜

当今如果进行街头问卷："什么是你最喜欢的美容品？"答案最多的一定是面膜。

据统计数据表明，中国女性消耗了全球近 50% 的面膜。

但今天，年轻一代所认知的面膜已经不是传统的中药面膜，而是现代快节奏下诞生的工业化美容快餐面膜。自从它被引进到中国以来，就得到中国女性狂热的爱戴，加上明星助阵和商业化的广告宣传，让无数张脸空闲之下都埋在面膜里，甚至看到小学男生上课贴面膜的报道。我也见过在飞机上、宾馆餐厅等场合人们贴着面膜的场景。

面膜确实是护肤品当中的效果担当。面膜因其独特的皮肤密闭性，能让皮肤最大化吸收面膜成分，发挥一般水、乳、膏、霜难以达到的护肤效果。

但如今，这种面膜的优势正在变成伤害皮肤的元凶。随着皮肤被密封，皮肤吸收能力增强，大量的化学成分及防腐剂也一并让皮肤照单全收，给皮肤带来沉重的负担并留下问题祸根。敏感肌等问题肌肤的暴发式增长，几乎和快餐式面膜的增长成正比。

快餐式面膜下成长的年轻一代，似乎根本不了解中药面膜的悠久历史和优异的护肤功效。当你还在为各种面膜贴、睡眠面膜等新鲜概念打卡的时候，不要忘记这些看似漂亮又方便的面膜正在侵蚀你皮肤的健康美丽。而被你遗忘的中药面膜，在中国已经有几千年的历史。

　　早在东汉时期的《神农本草经》中就记载了大量与美容相关的中草药。历经各朝代发展及宫廷后宫佳丽的御用美容方法的淬炼，到明清时期已经达到相当高的水平。这才是无化学的天然原生态面膜，这才是中国女性美丽的宝贵财富，在敏感肌及问题肌修复中发挥着不可替代的作用。

No.4 5大优势让你对
中药面膜刮目相看

原生态、真面膜

中药面膜，特别中药粉状面膜，历经几千年印证，不仅效果毋庸置疑，而且避免了现代工业化面膜中大量添加的化学添加剂，可以说是真正的原生态无添加产品。

面膜属于特殊护肤产品，因为它敷在皮肤上就像盖上一床被子，这个密闭环境会让皮肤血流加大、温度升高，吸收量增加。因此，对皮肤来说，对面膜成分的吸收要远远大于对膏霜成分的吸收。所以，敷面膜最好是选择原生态中药面膜。

营养、调理兼备

现代女性很在意成分，在一些护肤专业人士引领下，虽然不能完全读懂化妆品配方表的含义，但对明星成分的名字却了如指掌。

为了皮肤安全，我们需要了解成分，就像我们购买食品也习惯看配方表一样。但非专业人士的视线往往被几个过度夸大的明星成分吸引，却忽略了其他大量化学成分的存在。

　　大家想过没有，你在意的明星成分给皮肤带来的好处，可能远不及那些随之进入皮肤的化学成分给皮肤带来的负担或伤害。特别是购买一些低价产品或廉价促销的产品时尤为需要注意。现在的面膜都沦落到几块钱，甚至不到一块钱一片的程度，大家想想好成分能有多少呢？

　　相比之下，中药面膜虽然可能只写了中药名字，大家没看到熟悉的明星成分，但中药组方的力量叫"全方位"，即皮肤需要的全部营养和调理成分都是天然存在的，如维生素、氨基酸、微量元素等，在中药里面一个都不少。除此之外，中药化妆品还有普通化妆品不具备的植物活性成分，如植物多肽、多糖、黄酮类化合物等。

　　中药面膜中的这些成分不但能改善皮肤问题，同时还具有养颜抗衰功效，这才能称得上是真面膜，是大家钟情的现代面膜贴望尘莫及的。

美白不激进，让你面若桃花

现代科学技术对皮肤色素的形成原理已经研究得很清楚，西方护肤成分也挖掘了很多优秀的美白明星成分，如维生素 C、熊果苷及最近很火的氨甲环酸等，这些成分都会对黑色素的形成有阻断作用，从而产生美白效果。

改善皮肤问题不是简单的机器维修，单纯依托一些化学反应的阻断作用显然是头疼医头、脚疼医脚的做法，因无法从根上改善问题，导致一经停用就反弹。

中药美白发挥的是综合调理作用。桃花、当归、人参、白芷等中药成分，经科学证明不仅可以抑制黑色素形成，还能全面改善皮肤的微循环，提高皮肤的含氧量。按中医的术语叫活血化瘀和活血通络。提升皮肤代谢，让皮肤色素代谢正常化，这才是美白祛斑的根本之道，是中药面膜的独门绝技。

修屏障、调免疫，让皮肤摆脱敏感纠缠

一些中药，如黄柏、龙胆草、菊花、甘草、马齿苋等，不仅能清热解毒、除湿，还有明确的抗菌、消炎及化腐生肌的效果。现代科技也证明，这些中药具有优异的抗过敏作用且没有依赖。同时，这些中药里的活性成分被证明具有很好的细胞修复效果。不但可以让受损的

敏感皮肤得到良好的修复，同时也能起到很好的调理作用，让敏感肌彻底摆脱敏感困扰，回归健康状态。

无数人都体验到中药调理敏感肌的优势。她们通过皮肤的改变彻底信服中药的绿色抗敏优势，并由此迷恋上中药护肤，也保持了皮肤的持久健康。

中药祛痘，清透彻底不需针清

很多中药，如积雪草、白花蛇舌草、蒲公英、黄芩、苦参等，通过清热解毒、凉血活血、抑制细菌和病毒，综合调理痘痘，同时还能防止瘢痕形成。

更可贵的是，中药祛痘可以让皮肤恢复健康的微生态环境，祛痘的同时让皮肤清透、柔软，痘痘自然消退，这样的祛痘方法才是安全、健康的。

No.5 历史长河，
她们是鼎鼎大名的中药护肤代言人

集美貌和权利于一身的女皇武则天

大家都知道武则天是中国历史上唯一称帝的女皇帝。在男人一统天下的封建社会，作为女性，即便再有才华，通往权利的道路上也离不开男人的恩宠。当然，这一切都离不开美貌。

据史料载，武则天人到中年仍像二十几岁少女一样年轻。她八十多岁皮肤仍然光滑细腻，这不得不说是她长期坚持使用中药美容保养的结果。

武则天的美颜秘方是一款以益母草为主药，制作工艺复杂的美容药方。她每天早晚都用这种天然美容品涂擦面部和双手，以减少黑斑与皱纹。这大概就是她直到八十多岁皮肤仍然细腻有光泽的缘故吧。

她以九五之尊的身份向我们现代女性展示了中药美容的持久健康效果。

集三千宠爱于一身的杨玉环

"回眸一笑百媚生，六宫粉黛无颜色。"大家都记得唐代大诗人白居易在其《长恨歌》中对杨玉环美貌的描述吧。

古代皇帝后宫，妃子只能靠美貌取悦皇帝，如果想长期得宠则必须保持住美貌。能让皇帝忘掉其他佳丽，独宠一人的程度，想必，杨贵妃不仅靠天生丽质，其美容功底也不一般。

她的美容秘籍叫"玉红膏"，由杏仁、龙脑、麝香等多种名贵中药组方，加蛋清每日早晨敷面。据相关文献记载，这个中药美容方长期使用可以让皮肤红润有光泽。

现代药理分析也表明，杨贵妃美容方能改善皮肤微循环，增加皮肤营养，防止色素沉积和抗皱。可见中药美容的力量足以助攻嫔妃的地位稳固。

堪称宋代美容专家的永和公主

宋代有一位对什么事情都漠不关心，一心研究美容养颜且颇有成就的公主，她就是被称为宋代"美容大王"的永和公主。

据说，这位公主不像其他的皇族女性，对美容品只是拿来享受，她是要亲自动手搞研发。她专门开垦了二三十亩地作为原料基地，种植各种各样的原材料，完全将研究美容养颜作为一项自己的事业。

经过这位公主长期的研究，通过一次次的实验改进，竟然成果颇丰，有两个她亲手研制的美容方剂均被收入北宋官方编写的《太平圣惠方》一书中。一个洁面、一个沐浴，均由中草药和淘米水制成，不但能去角质、活血、美白，还能让肌肤柔滑细腻、自然芳香，到今天仍然值得借鉴。

近代奢侈美容第一人的慈禧老佛爷

慈禧，毫无疑问是个非常注重保养的人。

据说，慈禧到了六十多岁仍然皮肤光滑、白皙，很少皱纹。就连给他画像的西方画家都赞叹不已。

据记载，慈禧常年服用健脾的茯苓饼和八珍糕，还每天喝人奶，并少量服用珍珠粉和人参，且善用桃花擦脸。

看来，慈禧是个深谙中医美容的人，不但注重外养，还非常注重体内脾胃的调理，可谓整体调理的中药美容达人。

东方护肤语录

● 工业化，让护肤更便捷的同时，也带来诸多弊端。

● 东西方护肤观念的差别，犹如中西医的差别。一个是点对点，一个是强调平衡和整体，归根结底是"标"和"本"的区别。

● 中国女性不要忘记中药美容这个国宝，它是东方护肤大智慧。

● 其实，对皮肤而言，护肤的极致是返璞归真。

● 别让现代护肤的花哨蒙蔽了双眼，东方护肤智慧才能再现健康美肤。

Part 5
护肤如何排雷，
避免"敏感肌制造"

　　生活中，我们会时常看到这样的情形，越爱美，跟着护肤潮流折腾的人，皮肤问题越多。反观一些在护肤上很有定力的人，反而很少被皮肤问题纠缠。

　　说不定，你自认为"很有一套"的护肤方法，可能就是让你"护肤"变"毁肤"的陷阱。过度清洁、面膜不离脸、频繁医美、过度保养、抗衰等都是典型的敏感肌制造行为。

　　赶快停止这些错误的美容护肤方式，避免走在敏感肌制造的路上。

No.1 过度清洁
害死皮肤

过度清洁导致的皮肤伤害要远远大于清洁带给皮肤的好处。

在各种宣传的诱导下，我们每天涂在脸上的护肤品越来越多，导致清洁的环节也越来越复杂。由最初的肥皂、香皂洗脸，到洗面奶，再到卸妆液、清洁面膜、爽肤水、磨砂膏，近几年又流行洗脸仪及小气泡深层清洁，让我们感觉脸总是洗不干净，必须深度、再深度地洗。

我遇到一位女大学生，因频繁使用洗脸仪，导致皮肤受伤红肿；另一位因做了三次小气泡清洁，导致皮肤过敏。这样的例子层出不穷，就连皮肤科医生都发现一个奇怪现象，即市场上一旦流行某种洗面奶等清洁产品和面膜，不出多久，皮肤科门诊患者就会增加。

在一次皮肤学术会议上，一位皮肤科教授甚至呼吁化妆品厂家，少制造洗面奶和面膜爆品。可见过度清洁的危害性。

所以我们不能被错误的清洁方法或宣传误导，掉入过度清洁陷阱，把本来帮助皮肤去除污垢的洗脸变成"毁肤"的凶手。

No.2 你超爱的面膜贴
可能是虐肤高手

如果问女性最喜欢、最期待的美容单品是什么，答案肯定是面膜。如果说近年来最热、最火的护肤单品是什么，答案肯定也是面膜。

说到面膜的火热程度，不但女人贴面膜、男人也贴，大人贴、孩子也学会了贴，可以说面膜是人见人爱的美容产品。有一次，我在洗浴中心休息大厅休息，看到一位女士拿出面膜贴给自己贴上一片，紧接着又拿出两片贴在了十几岁的儿子和她丈夫的脸上。我心里想，这位女士是真爱孩子和老公，想让他们和自己一样保持年轻。但我不解为什么给一个十几岁的男孩敷面膜。

据相关统计，中国是全世界的面膜消费冠军，全世界近 50% 的面膜被中国人消耗。每年几十亿片的消耗量让商家狂喜的同时，却让皮肤科医生不安。可以毫不夸张地说，目前敏感肌人群数量的攀升与面膜的过度使用有直接关系。

我在工作中也发现，年轻人使用面膜频率越高，皮肤问题就越多。过度使用面膜可以说是导致敏感肌的元凶之一。

其实，现在的面膜贴，严格来说是构不成真正意义上的面膜。做临时救急补补水还可以，我常把它叫作快餐面膜。因为你看到面膜中标榜的让你痴迷的各种流行成分的背后，还有你忽略的大量表面活性剂、防腐剂、香精等化学成分。它们会伴随着你喜欢的成分一同进入皮肤，让你的皮肤付出沉重代价。

现在，多数女性把面膜当成美丽救星，没事就往脸上贴，这显然是对面膜的错误认知。

快餐式面膜也是
虐肤高手！

No.3 你随身携带的"喷雾"
恰恰是干皮制造源

皮肤科医生朋友给我讲了她一位患者的故事。

一位正值青春期的女孩，因皮肤干燥敏感被妈妈带来看皮肤科。医生除了开药之外，还建议使用某品牌的矿物水喷雾。孩子不到两周时间就用了3大瓶喷雾。结果脸部干燥不但没得到丝毫缓解，还干得都快裂口子了。妈妈经济条件一般，这种喷法一方面在经济上让妈妈有些难以支撑，另一方面是孩子的皮肤不见好转，反而变得更糟。

喷雾是近几年流行起来的护肤单品，带着喷雾随时给皮肤加湿。殊不知，皮肤反复加湿，滋润只是一时，随着水分的蒸发，皮肤的水分也会一并带走，导致皮肤越喷越干。

所以没有特殊需求，不用时刻使用喷雾来保湿。如有特殊需要，也要选择带有一些保湿功能的产品，尽量不要单纯喷水。

喷雾制造湿润，也制造干燥

No.4 高倍防晒霜
真的是日常护肤必需品吗

我认识一位资深化妆品工程师,他对化学防晒剂一直有恐惧心理。这是因为,他看到过实验室里一瓶化学防晒剂生生把瓶盖腐蚀坏掉的情景。

高倍防晒霜(乳)都含有化学防晒剂。顾名思义,化学防晒剂是通过吸收紫外线产生化学变化来防晒,这本身就是刺激及长痘因素。同时,因高倍防晒比较厚重的质地常常需要卸妆液来清除,这又加大了对皮肤的刺激和污染。近年来流行的喷雾型防晒剂,更是增加了通过呼吸道吸进体内的风险。研究证明,化学防晒剂会通过皮肤进入血液。所以,儿童、皮肤脆弱者更要慎用高倍防晒霜。

如果你是早九晚五的上班族,作为日常防晒,选用防晒系数最高不超过 30 倍的防晒霜就可以了。

要知道,紫外线对人类健康也有好处。它不仅能消炎杀菌,还能促进维生素 D 的合成,有利钙的吸收和骨骼的生长。

如果不是紫外线过敏及户外旅行等特殊情况,真的没必要时刻高倍防晒。

No.5 忽视防晒剂的叠加，
会让皮肤"压力山大"

　　防晒剂除了是防晒霜的主成分之外，还有很多产品中也含有防晒剂，如粉底液、隔离霜、BB霜等。如果大家忽视这些而只盯着防晒霜的防晒系数，就可能让防晒剂在皮肤上的含量叠加，使皮肤负担加重，甚至成为皮肤敏感、长痘、暗沉的直接原因。

　　在日常护肤中，如果你没注意到这些防晒剂的叠加影响，那么一不小心可能就会让皮肤负担超重，引发皮肤问题。

No.6 大牌护肤
也会撑坏皮肤

很多女性痴迷大牌护肤品，甚至不惜省吃俭用也要买大牌。对大牌产品的认知就是安全、有效，能帮助我们实现美肤的愿景。

我接待过一位很年轻的敏感肌女孩儿，皮肤底子很好且衣着考究，一看就是家庭条件较好的人。她的日常护肤品全是国际一线大品牌，问不出任何不良护肤品使用的经历。但当我问到她日常如何护理皮肤时，问题就显现出来了。

她最近使用的是大牌中的大牌，动辄几千元一瓶的产品不说，超百元一张的面膜每天都要敷 2 ~ 3 片。

问题找到了！这张年轻的脸本来具备旺盛的代谢能力，但硬是让昂贵的面膜给撑坏了，开始频繁出现红、痒、干的症状。

我帮她分析了原因后，她很认可，表示最近比较沉迷于该品牌的面膜，芳香的气味和揭开面膜后皮肤的丝滑感觉让她欲罢不能，以至于总想往脸上贴。但让她没想到的是，她心中无所不能、绝对安全的大牌居然也有风险。

No.7 大牌光鲜的外表下有
你不懂的复杂的配方

从护肤配方来说，大牌产品的成分和普通产品的成分并没有本质区别，都是化妆品原料目录中的成分。

大牌护肤品有时为了营销需求，为了满足消费者喜欢的香味、丝滑感及晶莹剔透的膏体外观，反而配方比一般的品牌要更加复杂。虽然对皮肤好的成分也不少，但为了添加这些成分及保持配方的平衡和稳定，也额外添加了很多对皮肤或是负担或是不利的东西。

我在一个社区论坛曾经看到过一个帖子，一个看来比较专业的人士拿出了一款大牌护肤霜的成分表做了详细分析，结果让大家顿感心塞。

特别是年轻人，过早、过度保养，反而会削弱皮肤自我代谢更新的活力。就如同把皮肤变成了温室的幼苗，不但起不到好的效果，反而让皮肤负担加重，过早失去年轻肌肤应有的健康活力。

护肤如同吃饭穿衣，体质不同，气质不同，只有适合的才算是最好的。

迷信大牌不如花时间研究自己的皮肤更有价值。

No.8 敢为天下先的护肤弄潮儿，
往往是最大的受害者

这么多年，我一直没有忘记咨询电话那端从未谋面的女士声音。

因为她的第一句话就告诉我，她的皮肤有好几种颜色，当时我差点没笑出来，心想除了化妆，皮肤本身怎么可能有几种颜色呢？但是当我意识到这是一位因缺乏护肤知识而饱受美容伤害的绝望女性的时候，我立即没了笑容，认真倾听她的讲述。

这位女士极其爱美，加上较好的经济条件，使她早早就成为美容院的常客。而且她爱美、胆大、敢为天下先的性格，让她成为每一次新美容项目的尝试者。

据她讲，所有流行过的美容项目，比如换肤、七日美白、蜡疗、醋疗、米疗、光子嫩肤等，一个不落都做过。

开始做是为了皮肤漂亮，后来做是为了治疗前面留下的后遗症。结果皮肤越来越糟，旧的伤害没有好，又添了新的麻烦，就这样陷入了美容的恶性循环，竟留下了多种颜色的色素沉积。

再后来，她不相信任何人、任何广告，性格发生了大转变，像换了个人似的。用她自己的话说，她就是"精神病"。但我还是能感觉到在她内心深处还是抱有一丝希望的，只是这丝希望很渺茫、很遥远。

之后，她再也没和我联系，由于我没有及时留下她的电话而中断了信息。但我心里却一直惦记着这位女士，想给她一些建议和指导。希望她建立信心，选择正确的调整方式，皮肤自然会慢慢恢复健康，只是别再盲目跟进潮流。

目前，护肤美容界也像时尚界一样，每年都有流行趋势，特别是美容院的各种疗法总是层出不穷，比如前几年流行的肉毒素、微针、羊胎素、激光及现在的小气泡等。一些人为了求美，往往忽略了流行的项目到底适不适合自己及存在的风险，结果让皮肤付出惨重的代价。

No.9 "成分党"痴迷成分，却忽略了皮肤

化妆品主打成分牌，这已经成了化妆品营销的必杀技。从经久不衰的胶原蛋白、玻尿酸、VC 到果酸、视黄酸，再到近期流行的神经酰胺、富勒烯。各大品牌领衔，其他品牌一路跟进。消费者更是通过各种渠道信息对新成分充满期待，也似乎看到了解决皮肤难题的希望。

但流行成分并没有带来如期效果，皮肤问题依旧，不久又被新的明星成分所取代，人们又重新燃起希望。就这样循环往复，但成分党们却乐此不疲。

我曾碰到过一对研究生女孩儿，自称是坚定的成分党，买什么产品都首先要看产品包装背面的成分表，看看有没有流行的主打成分，再逐一上百度查验成分的作用及好坏。

我问她俩，这么认真钻研产品成分，为什么皮肤还变得如此敏感呢？她俩竟无言以对。

我告诉她们，皮肤是一个复杂的人体器官，有着复杂的自身生态

系统，任何明星成分都不可能是皮肤美丽的救世主。就像我们的身体不能靠某种食物保持身体健康一样。更何况，有些成分本身并不适合所有皮肤，比如流行过的果酸等。

成分党与其钻研成分，不如研究一下皮肤知识，更何况流行成分并不是新成分，只是强化了宣传而已，且有很多都是营销噱头。可能让你动心的明星成分在配方中的占比只是微乎其微。不过还好，新出台的化妆品法规规范了这样的炒作行为，但大家还是要先端正护肤态度。

记住，有句话叫"甲之蜜糖、乙之砒霜"。如果不了解自己的皮肤特质而盲目跟进流行成分，那么很可能就会导致皮肤受到伤害。

明星成分

别忘了护肤
才是主角

皮肤：我才是主角

No.10 时髦的美容仪
或许是皮肤问题帮凶

随着美容仪器的家庭化发展趋势，原来只有在美容院才能使用的美容设备，逐渐变成在家可以随时操作的日常护肤用品，如小型导入仪、喷雾器、洗脸仪及各种按摩美容仪等。

这些方便的美容设备让爱美的女士们爱不释手并给予厚望。渴望它们能帮助皮肤多多吸收化妆品并留住青春岁月，或是改善脸部不满意的地方，甚至期望瘦脸、提拉紧致。

在一个消费类的电视节目中，我看到一位女生展示她的美容品时，拿出了一款用嘴叼着，通过上下晃动来瘦脸的小型器材，还有女孩子为了得到小V脸，每天使用提拉面具或提拉面膜。

我也感觉到，现在的女性为了美，什么都愿意信，甚至都到了可笑的地步。但结果呢？几年下来，皮肤不但变得敏感，还变得松弛了。

任何事物都是张弛有度。频繁按摩就像过度锻炼一样，不但不会让皮肤对抗衰老，反而会让皮肤变得松弛并出现问题。

No.11 频繁"医美"
让皮肤变脆弱

有一位朋友在医院工作，因架不住近邻激光美容科同事的劝说，做了一次激光美容。美容后的皮肤果然显得细腻了不少，她非常高兴。但没过多久皮肤就似乎又恢复了原样，甚至比原来还暗沉了一些。激光科的同事告诉她，这个美容要定期做，于是她又连着做了两次。

三次激光美容术后，她觉得有些不对，因为皮肤似乎变得敏感了，也出现了隐隐的红血丝。尽管医生再三保证没有问题，但她感觉有些隐患，于是找到我咨询。

我不排斥现代医学美容技术给人们带来的美丽效果，并且通过现代医美技术可以帮助人们解决很多皮肤问题。但是别忘了，医美也不能一劳永逸。如果需要连续不断地进行才能保持效果的话，就违背了皮肤生理功能，结果可能就是伤害。

我发现，很多敏感肌都有过医美的经历。由于医美的效果立竿见影，有时候真的和激素药膏一样很容易让人上瘾，却让人们忽视了其中的潜在风险。

No.12 缺乏判断力，
往往是敏感肌制造的开始

现在的女孩子对护肤除了狂热，很多人缺乏自己的判断力。其结果就是为商家各种恐吓式宣传买单。

一句"过了 20 岁皮肤就走向衰退，抗衰老要趁早"，搞得小女生年纪轻轻就要对抗衰老，同时还要"战痘"，还要美白。

一个女孩子，每次最少要连敷三贴面膜。我说为什么要这么使用，她告诉我，一片保湿抗衰老，一片对抗几个零星的痘痘，最后一片要美白。

我的天呐，我才知道恐吓的力量有多大。我说："美白祛痘就不保湿了吗？你不怕把皮肤撑着吗？"

过度的恐吓式宣传和超炫的广告让女性的护肤层数越来越多，防晒霜的防晒系数越来越高，回家面膜不离脸，洗脸洗到脱层皮……

这么说虽然有些夸张，但确实反映人们因缺乏判断力而陷入护肤的误区。

一次面试一位导购，她多年美容督导老师的经历让我很期待。但见面之后让我很犹豫是否录用她，因为她的皮肤实在是太糟糕了。虽然擦着厚厚的粉底，但仍掩饰不住里面透出的黑斑及暗沉、油腻的肤质，给人一种皮肤透不过气的感觉。

我问她，作为督导老师，怎么还把皮肤弄得如此糟糕？她说，她们的护肤知识来自厂家，没有自己的判断力，做哪个品牌都需要亲自使用，加上工作需要每天都化妆，一来二去皮肤就越来越粗糙，并告诉我她本人也是激素脸。

最后她说："虽然还干着美容行业，但其实心理已经不再信任何护肤品，就想找遮瑕力强的粉底掩盖皮肤的囧态以便不影响工作。"

专业导购尚且如此，更何况消费者。很多敏感肌都是因为对护肤缺乏正确的判断力所致。

No.13 专家的话
也要辩证地听

在这个网络时代，我们变得什么都依赖外界，遇到什么问题就上网找方法。特别是在护肤领域，除了所谓"护肤达人""网红"推荐之外，还有许多以医生、博士，甚至以实验室之名给护肤支招。很多女性便深信不疑，拿来照做，甚至视作护肤圣经。

每当我看到动辄具有几十万、上千万粉丝的专业大 V 给出的护肤妙招竟然是药物治疗，而他的建议被众多人士视作圣旨的时候，往往感到心痛。

真心地说，他们有时给出的是治病方法，不是护肤方法。如对一些常见的蚊虫叮咬、出油、黑白头等普通护肤问题，建议使用碘伏、甲硝唑等抗感染药物，甚至给出使用激素的建议；对美白给出化妆品已经明令禁止的"氢醌霜"等建议。

提醒大家别忘了，我们需要的是日常护肤，不是治疗疾病。药物治疗是暂时的，就像前面提到的医美，是不能频繁长期使用的。但护肤不同，护肤是一个长期的、连续的过程。

如果不明白医疗和护肤的区别，把治疗药物当日常护肤品一样经常使用，往往会导致严重的不良反应，甚至对健康带来危害。

　　当我看到评论区里留言述说停药就复发的时候，心里感到特别难过，有种心有余而力不足的感觉。

　　护肤，归根结底是调理皮肤而不是治病。如果皮肤问题严重到需要治疗，则建议到医院接受医生面诊治疗。

　　护肤要动脑，专家指导意见也要动脑分析是不是适合自己，绝不能盲目照搬，更不能不加分析地当做护肤圣经长期使用。

东方护肤语录

●成分党，与其钻研成分，不如研究一下皮肤知识。

●过度清洁导致的皮肤伤害，要远远大于清洁带给皮肤的好处。

●现在的面膜贴，严格来说是构不成真正意义上的面膜。做临时救急补补水还可以，叫快餐面膜比较合适。就像快餐一样，好看、方便，但不能作为主食，只是偶尔应急还可以。

●医生的话也要辩证地听，不能把治疗方法当成护肤方法长期使用。

护肤需要智慧

“

现代护肤不缺方法、不缺产品，但却让很多人被皮肤问题困扰。

可见在当今这个信息爆炸、真假难辨的时代；在护肤品种类繁多，品质又良莠不齐的时代，能真正守护皮肤美丽的，唯有知识和智慧。

因为"护肤是给自己的皮肤配餐，主角是皮肤。所以只有了解皮肤才谈得上真正的护肤"。

下篇内容会带领我们从皮肤、营养、护肤品、中医、护肤观等多个维度，全面了解护肤需要的美丽智慧，并形成正确的护肤观。

让护肤变得有所为，有所不为。

让护肤成为皮肤健康、美丽的守护者。

Part 6
护肤从
了解皮肤开始

现在很多女性把美肤的希望全部寄托在化妆品上，在购买护肤品上毫不吝啬，并紧跟护肤潮流，不断给护肤加码，恨不能一夜变回婴儿肌。但结果往往应验了那句："理想很丰满、现实很骨感。"

护肤给皮肤带来的好处毋庸置疑，那为什么结果却是事与愿违呢？

根本原因在于我们不了解皮肤的需求。塞给皮肤的所谓好东西都是自认为好或他人或广告说得好，皮肤并不一定喜欢。

一旦逾越了皮肤能承受的底线，护肤就会变成毁肤。

可以说，不了解皮肤的护肤等于蒙眼护肤，就像我们蒙眼走路一样，认不清道路必然会跌跟头。

所以要想护理好皮肤，就必须先了解自己的皮肤，并学会和皮肤对话。

No.1 皮肤是什么

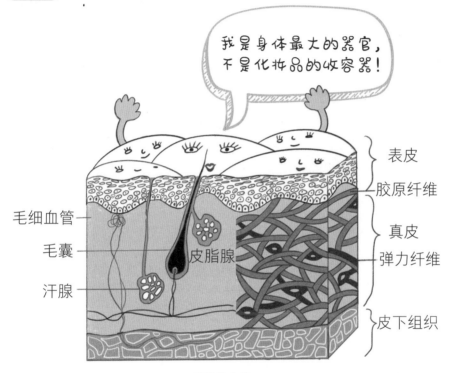

皮肤的全貌

你天天摸着、看着、爱恨交加并总想加以改造的皮肤到底是什么?

皮肤对爱美女性来说可能只是一个想让它变漂亮的皮囊,或是化妆品的舞台。但实际上,它是一个能反映你整体健康状况的异常复杂的器官,有着复杂而独特的生态系统。

它的健康美丽不仅需要外部护理，更需要健康的身体和心理做后盾。

它是我们身体与外界的接口。它可以传递抚摸时的温柔和爱意；可以用脸红传递害羞的心理；可以让我们知冷知热；可以用瘙痒、疼痛向我们发出警告，甚至以其特有的表现警示身体内部的健康状况。

它是人体最大的器官，一个成年人的皮肤重约 5 千克，如果加上皮下脂肪，总重量可达体重的 16%。面积约为 2 平方米。

广义的皮肤分为三层：表皮、真皮和皮下脂肪。

想象一下你吃过的三层奶油蛋糕，其实和皮肤很相近。但我们通常说的皮肤，一般指表皮和真皮两层。每层皮肤都有着复杂的结构和功能。

它不只是化妆品的收容器，更是肩负复杂工作机制的重要器官。

表皮是至死不渝的"角化细胞"

我们眼睛能看到，用手能摸到，处于皮肤最外边的部分叫表皮。除了手掌和脚掌之外，通常它仅有 0.05 ～ 0.1 毫米厚，却勇敢地充当着我们的保护屏障，抵御来自外界的冲击和碰撞。不仅如此，它还帮助我们抵抗化学制剂、细菌、病毒的侵袭。

如果我们将表皮纵向切开，观察一下它的横截面，发现表皮是由 4 层处于不同时期的角化细胞组成。从最下面开始，分别是基底层、有棘层、颗粒层以及最外面的角质层。

　　刚出生时的基底细胞层相当于婴幼儿期；有棘层相当于青春期；颗粒层相当于成年期；最外面的角质层像是至死不渝的老战士，它虽然已经没有生命，却用它的坚强身躯为我们铸成了坚强的皮肤屏障。

　　如果把从基底层刚分化出来的细胞，经过发育成熟到死去的过程做个形象的比喻，是不是很像人的一生？

　　我们把角质从出生到变成死皮脱落的这一过程叫作角化周期或新陈代谢周期。这个时间大约是28天，平均4～6周。我们总被灌输的28天改善周期即源于此理。

　　有些美容手段就是通过缩短角化周期达到美容目的，例如果酸换肤、激光美容等。

　　角化周期随着年龄的增长会有些延长，所以老年人皮肤就比较暗淡，修护皮肤问题会比年轻人需要的时间长。而有些皮肤病则会导致角化异常，如牛皮癣。

　　对皮肤美丽健康而言，正常的新陈代谢要比单纯追求缩短角化周期更重要。

　　频繁使用带有角质剥脱成分的产品，如果酸、视黄酸等产品，或使用光子嫩肤等医美手段寻求抗衰老，道理如同揠苗助长，不能持久。

角质层

颗粒层

有棘层

基底层

表皮的4层细胞结构

黑色素细胞——表皮里的遮阳伞

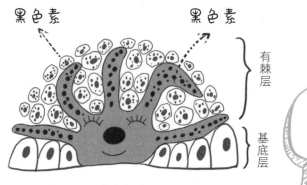

黑色素　　　　　　黑色素

有棘层

基底层

黑色素细胞

我分泌的黑色素可是皮肤的保护伞。

　　黑色素细胞夹在表皮最下面的基底层中，长有很多小爪子，具有合成与分泌黑色素的功能。它的能力决定了我们是什么肤色。在白人身上它最懒，在黑人身上它最勤奋，在我们亚洲黄种人身上它就是一般状态了。

　　黑色素细胞的作用其实是保护皮肤免受紫外线伤害，是我们天生自带的遮阳伞。当我们遭遇紫外线照射或热衷激光嫩肤时，黑色素细胞就会兴奋地开始勤奋工作。

　　有些女性不懂这个道理，为了美白拼命刷酸或激光嫩肤，术后不注意保护，往往美白不成反而变黑。

此外，黑色素细胞的功能也受体内激素的影响，特别是受女性激素，如雌激素、孕激素等影响。因此，长斑的人群往往是以女性为主，特别是妊娠时容易发生，也叫妊娠斑。长期吃避孕药的女性也容易长斑，因为避孕药就是雌激素。

女性很讨厌斑的存在，但要知道，如果黑色素细胞功能缺失，我们就会得白化病，甚至皮肤癌的发生率也会提高。

所以对于黑色素细胞，我们最好的相处模式就是避免招惹它，让它平时安静下来，不要太活跃。

真皮——你期待的满脸胶原蛋白就在这里

真皮的位置在表皮的下面，是皮肤的真正大本营所在地。

真皮里面可都是我们喜欢的好东西：胶原蛋白（赋予皮肤弹性）、弹力蛋白（赋予皮肤紧致）、基质（玻尿酸赋予皮肤水灵灵）。

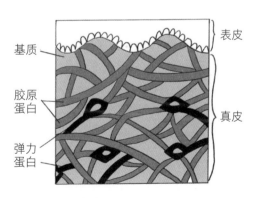

真皮——真正的皮肤

胶原蛋白和弹力蛋白互相交错形成类似弹簧床垫一样的网状结构。

在网状结构中间填充着胶胨样的物质，主要由玻尿酸组成，帮助皮肤储存水分。

年轻的皮肤充满胶原蛋白和弹力蛋白，让皮肤更紧致和富有弹力；而基质中丰盈的玻尿酸会让皮肤保持水分充足，显得水嫩无比。但随着岁月的流逝，真皮层中的胶原蛋白和弹力蛋白会逐渐减少而呈现衰老。

此外，真皮层中还有很多皮肤小器官，如毛囊、皮脂腺、汗腺等，还含有丰富的血管网和神经末梢，以保证我们的皮肤从体内充分吸收营养并感知外界信息。

可以说，真皮是皮肤美丽健康的大本营。

皮脂腺——皮肤的天然滋润剂，也是痘痘的制造源

皮脂腺是真皮层里面的附属小器官，开口在毛囊，我们全身除了手掌和脚掌之外都有它的存在。

皮脂腺分泌的皮脂，通过毛囊在皮肤表面的开口（毛孔）流到皮肤表面，也就是我们通常所指的出油。它勤奋工作的成果就是滋润皮肤，但出油太多也会让皮肤成为大油田。

另外，因皮脂排出的通道中还有汗毛和汗液通过，所以很容易导致交通堵塞，成为粉刺麻烦的制造者。

皮脂腺的工作态度受雄性激素影响较大，这和黑色素细胞喜爱雌性激素正好相反。

所以对男性来说，有油皮和长痘情况的比例要远高于女性。而青春期正是性激素开始分泌旺盛的年龄，所以这个时期常常与痘痘相伴，把它称为"青春痘"再恰当不过了。

另外，皮脂腺的活跃程度也受温度、饮食等因素影响。在夏天炎热的季节，我们脸上会感到出油多，而冬天油脂分泌少，易引发皮肤干燥。同时，一些食物，如油炸食品、精制糖及甜品也会对皮脂产生影响，是诱发长痘痘的因素。

由此看来，小小的皮肤器官也和身体其他器官一样受到多方因素的影响。

汗腺——担任保持体温和排毒的双重重任

我们周身分布着多达 400 万根汗腺。它通过毛孔和独立的汗孔排汗来帮助我们维持体温，并清除体内的一些排泄物。

皮肤有人体第二肾脏的美称也是源于汗腺排毒的功劳。

北方的人们习惯通过汗蒸解除疲劳、放松身体，这也是排汗排毒的好方法。

同时，汗液和皮脂腺分泌的皮脂会在皮肤表面共同形成皮脂膜，也是皮肤保湿的一分子。可见，适度出汗也是身体排毒的好办法。

夏季怕出汗过度而涂抹止汗露，从这点来看是不妥的。

想通过收缩毛孔产品让皮肤显得细腻也是一厢情愿。只有让毛孔干净且排泄顺畅，毛孔才能不显得粗大。

要知道，身体的任何小部件都是带着使命而来，护肤要在尊重的基础上才能获得好效果。

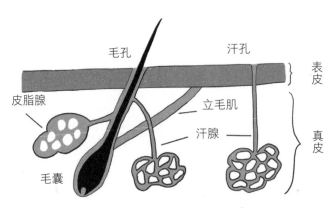

皮脂腺、汗腺及拥堵的毛孔

No.2 皮肤屏障
有多重要

皮肤屏障和角质已经是普及率最高的护肤名词了，但是屏障到底是指什么？屏障有什么作用？屏障在护肤中有多重要？恐怕没有几个人能回答正确。

在所有护肤措施中，保护屏障功能具有绝对优先权。任何护肤方法，如果以损伤皮肤屏障为代价就是不可取的。

皮肤的屏障不是单纯指由角质层构成的篱笆墙，这只是机械屏障，它同时还肩负着免疫和微生态平衡的重大责任。

"机械屏障"阻挡外来冲击

皮肤的机械屏障由位于表皮最外层的死去的角质细胞及把细胞黏合起来的细胞间脂质和保湿因子组成，它的结构有点像我们的混凝土砖墙。

机械屏障像身体盾牌一样，发挥阻止皮肤内水分蒸发，阻止外界物质入侵，保护皮肤免受外界机械和化学刺激损伤的作用。正是这种机械屏障的保护，我们的皮肤才不至于打一拳就破洞，并可以耐受一定的酸碱阈值而不会被烧伤。

这道墙受损就等于把城门打开，"敌人"乘虚而入，身体就会变得脆弱不堪，引发过敏，甚至不良成分进入体内，威胁身体健康。

角质层类似混凝土砖墙结构

你得意的洗脸、卸妆步骤，以及洗脸仪、小气泡、激光嫩肤等护肤大招，如果方法不当就会演变成屏障的破坏者，从而引发后续皮肤问题。

"生物屏障"扛起阻止有害菌和免疫的大旗

我们皮肤的屏障不仅有类似盾牌作用的机械屏障，还有起到边防军一样的生物屏障。生物屏障由皮肤表面的微生物组成，对人体健康和皮肤美丽起着不可替代的作用。

惊讶吗？寄生在人体上细菌的数量几乎和人体细胞数量一样多。

皮肤菌群由细菌、真菌和病毒组成。正常情况下，它们和皮肤与环境维系着一个动态平衡，发挥抑制有害菌入侵和激活皮肤免疫的作用。

皮肤微生态平衡一旦打破，就会使皮肤免疫力降低，易出现发炎、感染、敏感、长痘等问题。

目前，有科学家发现色斑也与微生态失衡有关，可见生物屏障的重要作用。

皮肤的生物屏障

过度护肤，过度清洁，防腐剂、消毒剂、抗生素和激素的滥用都是破坏微生态平衡的不当行为，是引发皮肤问题的元凶。

"化学和紫外线屏障"让皮肤有效抵挡外界不良环境

皮肤弱酸性的环境和黑色素构成皮肤的化学和紫外线屏障，保护皮肤免受致病菌和紫外线的伤害。

皮肤的 pH 值通常在 4.5 ~ 6.5，呈弱酸性。这种弱酸性的环境能有效抑制致病菌的繁殖，让我们的皮肤虽然被细菌、病毒包围但不会致病。

对于黑色素，虽然因为它阻挡了我们肤白貌美的路而讨厌它，但黑色素可以阻挡紫外线对皮肤的伤害。所以从皮肤健康角度来讲，我们还是应该谢谢它。

No.3 哪些因素会影响
皮肤美丽

无法撼动的遗传基因

我们身边总会接触到一些人，对护肤漠不关心，甚至在脸上很少投资，可就是皮肤好得令人嫉妒。而另一些人大把花钱求美，却总是成效不大。这就是基因的作用了。

我们的皮肤是白，是黑，是偏油，还是干燥、敏感，真的很大程度上是来自父母的遗传。所以，护肤效果要跟自己前后对比，不能和别人对比。

不是有句话叫"人比人气死人"吗？最重要的是，如果我们不明白这一点，想人定胜天，甚至采取激进的方法美容护肤，以期达到"别人"的效果，那就很容易在护肤上适得其反，把自己弄成问题肌。激素脸、伤害肌，基本都是寻求不现实的护肤效果导致的。

激素对皮肤的神奇作用

对皮肤影响较大的激素有性激素和皮质类固醇激素

女性体内的雌激素可以抑制皮脂分泌，避免长痘。所以女性的皮肤通常看起来会比男性皮肤细腻。但雌激素也有让女性苦恼的一面，它会让黑色素活跃导致女性容易长斑。所以对长斑这件事，女性的发生率要远远高于男性。

而作为男性激素代表的雄激素，则是长痘和脱发的内在因素。男性青春痘的发生率明显高于女性，男性也是脱发族的绝对主力军，这些都拜雄激素所赐。

皮质类固醇激素，即激素药膏中的成分，对皮肤的影响也非同凡响。它不仅可以快速控制过敏的红、肿、痒等症状，更能短时间内让皮肤细嫩饱满、白皙、祛痘。正是因激素有这些快速见效的作用，所以经常被一些不良商家违规添加到化妆品中，给消费者带来伤害。

食物对皮肤的影响

均衡而富有营养的美食就像口服的化妆品一样，能保证身体的健康和良好的皮肤状态。而不当的饮食就像不当的护肤一样，不但会引发身体健康危机，也会及时反映在皮肤上，让我们品尝问题之苦。

压力破坏皮肤美丽

心理压力过大会影响我们的自主神经，引发激素分泌紊乱，破坏皮肤代谢平衡，从而引起一系列皮肤问题。而当我们快乐、健康、放松时，皮肤也会感同身受。

有人说恋爱的女人最美，这也可以证明快乐、放松的心态是美容催化剂。

现代人由于竞争、环境及生存压力，身心始终处于紧张状态。长期得不到缓解的心理压力会直接以痘痘、色斑、过敏的形态呈现。

有的女性用尽了各种美容方法和大牌护肤品，燕窝、阿胶等不停地吃，但就是去不掉痘痘和色斑。不用问，这样的女性不是家庭有问题，就是工作压力过大，休息不好。

所以，放松也是健美皮肤的好方法。

环境污染和紫外线

环境污染的加剧和紫外线会对皮肤产生很多影响。最直接的环境污染物就是汽车尾气和香烟，这些有害物质可以直接威胁到皮肤的屏障功能。

据报道，吸烟者皮肤比非吸烟者的皮肤薄 25%。吸烟还会使皮肤发黄，吸烟者患皮肤病的比例也比不吸烟者高。可惜很多女孩儿一边拼命敷面膜一边吸烟，面膜的护肤力度显然不敌吸烟的破坏力度。

紫外线对皮肤的伤害主要是晒黑和引起皮肤老化，紫外线也是引起皮肤癌的诱因。但紫外线也不全是魔鬼，它会帮助人体产生维生素 D，增加钙吸收，预防骨质疏松，并可以预防很多疾病。

所以对于紫外线也不必严防死守，适当晒晒太阳，吸收自然能量，补充身体阳气也非常值得。特别是儿童和老人，适当晒太阳对身体大有好处。

化妆品对皮肤的影响

我们对化妆品总是抱有良好的期待，而少有"防备之心"，特别是在各种化妆品营销攻势下，我们的护肤步骤越来越多，手段也越来越高级，让女性总是充满憧憬，不惜一试再试，即使皮肤已经出现问题，也不想放弃尝试。

但化妆品中有很多对皮肤有破坏作用的成分，如洗面奶中的表面活性剂（泡泡）、防腐剂、香料、香精等，这些常常是皮肤屏障杀手。过度清洁、过度敷面膜，都是皮肤问题制造源。即使你认为的好东西，如果酸、视黄酸，也是刺激皮肤的元素。所以，不当护肤也会破坏皮肤健康。

运动和睡眠是美容好帮手

运动的好处在于不但能提升健康水平和精神状态，还能加快血液循环。运动后，红扑扑的脸蛋就说明，它给皮肤输送了更多营养并带走了皮肤代谢废物。

睡眠更是皮肤美丽的加分项。睡个美容觉胜过任何高级美容项目。睡眠不但能缓解身体疲劳和压力，也是皮肤细胞放松和更新的好帮手。

但美容觉是指健康规律性睡眠，而不是黑白颠倒的睡眠。晚上熬夜不睡，白天睡不醒可不是美肤睡眠。

东方护肤语录

●在所有护肤措施中，保护角质层的屏障功能具有绝对优先权。

●护肤的意义在于尊重皮肤生理特征，保护其微生态环境，而不是要人定胜天地去改造它。

●美丽肌肤需要整体的调护。使用护肤品只是美肤的一个环节而已。如果把美肤的愿望全部寄于护肤品，甚至不惜采取过激的护肤方式，到头来，只能是美丽不成反变伤害。

●要懂得，皮肤有足够强大的修护力和抵御力来保持自身的健康和平衡。它是自然的杰作，无需我们过多干预。

●只有学会和皮肤对话，从皮肤的角度看护肤，才能真正懂得护肤的正确打开方式。

Part 7
撩开护肤品的
神秘面纱

我们可以看不懂化妆品成分表，但我们必须了解化妆品的属性、益处和风险，知道如何利用益处和规避风险。

护肤品，永远令女性着迷和充满幻想。

在这个"看脸"的时代，女性为了和岁月抗争，更是不惜在护肤品上大把花钱。

但遗憾的是，现实中往往越卖力护肤的人，皮肤问题越多。科学调查数据也证明，护肤品行业越发达，皮肤问题发生率越高，甚至还有不少人因护肤导致"烂脸"。

这到底是我们错了，还是护肤品错了。

究其原因，是我们不懂护肤品，更缺乏健康的护肤观念。购买化妆品，要么被广告吸引、要么看别人用得好，或者销售人员的推销。消费者缺乏识别能力，更缺乏应有的护肤主见。

No.1 认清化妆品中的
潜在危险分子——表面活性剂

女性在选择护肤品时，往往只关注产品的外观、肤感及宣传的卖点，这些也确实是买家需要了解的信息。

但我们不要忘了，在护肤品这些漂亮的外衣下面，也有不受皮肤欢迎的危险分子，香精、香料、防腐剂、表面活性剂、防晒剂等。除此之外，还有虽然对皮肤没有直接伤害，但也会增加皮肤负担的成分，如稳定剂、特殊溶剂等。

化妆品作为现代化学工业产品，添加这些成分完成质保、美观、舒适等产品功能是正常所需，也是相对安全的。

但是如果我们的眼睛完全被绚丽的卖点、包装迷惑而忽视潜在危害，就会在不当使用时加大护肤风险，就像饮食不当增加患病风险是一个道理。

很多敏感、痘痘、干燥、暗沉等肌肤问题，可以说，多数与护肤品中的不良成分有关。

因此，为了安全护肤，我们不能只关注那些耀眼的亮点，更要了解化妆品里潜在的危险分子，这样才能真正保护好自己和家人的皮肤。

何谓表面活性剂，有何危害

表面活性剂是 20 世纪 50 年代才广泛应用于日用化妆品和家庭洗护用品中的，之前一直是工业用品。由于其强大的清洁能力和方便性，一经投放市场就受到用户欢迎。那么，什么是表面活性剂呢？

通俗来讲，表面活性剂就是能把水和油拉在一起的东西。

我们知道，水和油相遇是互相间谁也不理谁的，看看家里菜汤中漂浮的油滴就知道。这两种物质无法混合，只会各自聚集在一起。在两种物质临界面产生的表面张力称为界面张力。让界面张力消失，使原本无法溶合在一起的东西溶合在一起，这就是表面活性剂的功劳。

也正是表面活性剂这样的特性，才能帮助我们清洗掉油污，卸掉皮肤上的彩妆污垢，同时能让油和水结合在一起，形成美丽的护肤品膏霜。

但另一方面，表面活性剂能把皮肤的油脂与水溶合，破坏皮脂膜，不仅让皮肤水分丢失，还会增加皮肤的通透性，削弱皮肤免疫力。而表面活性剂本身的毒性也会借机透皮吸收进入身体，给健康带来潜在风险。不仅如此，表面活性剂还会让角质层天然保湿因子丢失，使皮肤蛋白质变性，对皮肤产生刺激作用，是皮肤过敏、手部湿疹恶化的重要原因。

在日本、英国和德国都曾发生过投诉因洗涤剂引发河流污染及伤害消费者皮肤的案例。

科学实验也证明，表面活性剂的残留是导致皮肤干燥、粗糙、瘙痒、过敏、痘痘、老化等问题的元凶。

现在，表面活性剂产品已经充斥在我们生活中的各个方面。因此，我们必须学会正确使用表面活性剂产品，以减少其对皮肤的伤害及给健康带来的风险。

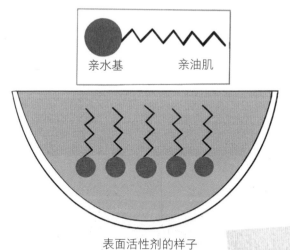

亲水基　　　亲油肌

表面活性剂的样子

不懂表面活性剂就不懂化妆品，这话有道理。

惊讶吗？你的生活已被表面活性剂包围

表面活性剂最显著的作用是清洁和乳化，在我们的日常生活中应用非常广泛。从每天使用的洗面奶、沐浴露、洗发水、洗手液、卸妆液，再到洗衣剂、洗碗精、牙膏等，都有表面活性剂的影子。可见不说不知道，一说吓一跳，我们的生活确实已经被表面活性剂包围。

我们每天都离不开的泡泡就是表面活性剂呈现的样子。给自己和孩子来个泡泡浴，那滑滑的，带着芳香气味的美丽泡泡，不仅让孩子快乐，也让我们自己爱不释手。

但我们的皮肤并不喜欢泡泡，我们必须了解这些美丽泡泡的潜在风险，特别是别让我们的孩子被泡泡包围，这是每一位爱孩子的家长必须懂得的常识。

如何降低表面活性剂危害，保护自己和家人

重视婴幼儿清洁产品的使用

现在多数家长从孩子一出生就备好了全套的洗护用品，婴幼儿湿疹发病率却连年增高，不能说两者一点关系没有。

我常常告诫孩子家长，孩子皮肤娇弱，有害物质非常容易进入体内，给孩子洗澡、洗头尽量不要用沐浴露、洗发水等化学品。其实，小孩的皮肤并没有多少油脂，用清水即可洗净，或选择天然产品。

我见过不到十岁的孩子就患有瘙痒症，后背全是抓痕，皮肤都变粗糙了。但孩子既没有湿疹也没有荨麻疹，为什么会出现瘙痒呢？一问才知道，孩子妈妈爱干净，经常给孩子洗澡，且洗澡必须涂沐浴露，给孩子皮肤护理得很干燥。这就是典型的表面活性剂残留给皮肤带来的污染和伤害。

警惕清洁和面膜产品中的表面活性剂

一是洗脸卸妆不要过度。前面已经说过，过度清洁是导致皮肤敏感的一大原因。

二是不要过勤使用面膜贴。面膜贴对皮肤的伤害不仅是来自防腐剂的大量吸收，更有表面活性剂对皮肤的伤害。有很多女性已经意识到，快餐式面膜贴就像垃圾食品，敷得越多，皮肤越粗糙。

三是不要使用私密清洁产品。不管打着中药、保湿、解痒等任何旗号，只要产品中含有表面活性剂（泡泡），就要远离。许多女孩私密处皮肤问题都是由此引起。

我始终坚持让清洁和敷面膜回归原生态。因为这两个护肤环节是保护皮肤的关键点。洗面奶选择带氨基酸表面活性剂的产品或天然洗脸产品。面膜更要天然，中药粉面膜就是首选。

替换家里的洗涤用品

洗洁精尽量少用，用小苏打洗碗是不错的选择。

我现在采取的洗涤措施是把油多的碗碟先用纸巾擦去油污，然后用热水清洗碗筷，这样基本上不用洗洁精就能洗干净了，最后水池中可能会残留一些油渍，再少用一点洗洁精清洗一下水池就可以了。这样做可以保证碗筷不触碰洗涤剂，更不用担心表面活性剂被吃到肚子里。

如果习惯使用洗洁精洗碗，一定要冲洗干净，不能简单冲一下了事。

　　如果一定要使用洗洁精，也尽量戴手套，以免引发手部皮肤老化、粗糙，甚至诱发湿疹。手部湿疹患者更要杜绝接触一切洗涤用品。

　　有孩子的家庭更要注意，特别是湿疹患儿，要远离洗涤剂。内衣等贴身衣物最好用手工天然皂来洗，或者选择来自植物等天然表面活性剂的洗涤产品。虽然贵一些，但什么能比孩子的健康更重要呢？

　　科学已经证明，很多过敏性皮肤病，如湿疹、荨麻疹等，都与日常生活中不注意保养和接触化学制品有关。所以，想要健康美丽，从减少使用洗涤剂开始。

　　控制使用洗涤产品不仅有利健康，更是对环保做出一份贡献。据统计资料显示，土地、河流的污染，70% 来自家庭排污，主要就是洗涤剂导致的污染。这是不是出乎我们的意料？所以，健康环保，从我做起。

No.2 不得不防的防腐剂

　　化妆品中的防腐剂可以说是消费者认知度最高的不良成分。化妆品里添加它也是产品质量安全的保障。因为防腐剂的添加量受到国家相关法规严格的限制，所以，在安全剂量范围内是安全的，消费者也不必担心。但是我们不能忽视它的叠加效应和累积效应。

　　叠加效应是指我们每天涂抹到脸上的化妆品，虽然每个产品的防腐剂都是少量的，但由于涂抹的种类和层数越来越多，那么这些产品中的防腐剂加在一起的总量就会增多，足以构成皮肤的负担。

　　特别是快餐式面膜，会让皮肤通透性增加，一次性吸收大量防腐剂。这也是面膜使用越频繁，皮肤越敏感的重要原因。

　　因为防腐剂有抑菌的效果，所以会影响皮肤的微生态环境，导致菌群失调，如同我们过多使用抗生素导致肠道菌群失调是一个道理。

　　可以说，防腐剂不可怕，可怕的是我们无知的护肤方式，让防腐剂钻了空子。

No.3 香精和色素，
只是魅惑了鼻子和眼睛

　　化妆品迷人的香氛气味、可爱的颜色总是让女性陶醉且爱不释手。但我们必须明白，这些愉悦我们嗅觉和视觉的成分并不被皮肤和身体看好。

　　香精、色素、防腐剂一直被称作是化妆品的三大害，也是过敏的制造源。

　　如果皮肤健康，适量使用问题不大。

　　如果是敏感皮肤或过敏体质，最好远离带这些成分的产品，不要让香精、香料给皮肤添乱。

　　如果是儿童和孕妇等特殊群体，更应该在选择化妆品时避开这些成分。

　　随着人们对化妆品中香精、香料危害认识的加深，越来越多的护肤品牌选择摒弃香精、色素，或添加天然香精，让产品更安全。

No.4 化学防晒剂——
除了防晒一无是处

随着对紫外线伤害的重视，我们越来越倾向购买高倍防晒霜。由原来的 SPF15 ～ 20，一路飙升到 SPF50，甚至 SPF60。

但是在防晒霜带给我们防晒黑、防晒伤的背后，我们的皮肤和身体也面临健康风险，特别是儿童、孕妇。

据美国食品和药品管理局 FDA 的研究显示，防晒霜里经常添加的化学防晒剂（阿伏苯宗、氧苯酮、奥克利宁和依莰舒），只需要 1 天就能被人体吸收进入血液，进而影响健康。

尽管合格的产品加上合理使用基本在安全保障之内，但是要警惕，我们现在的生活面临的化学污染物太多，如果毫不在意，任意使用，叠加在一起的健康风险还是蛮大的。

建议儿童、孕妇、湿疹患者等特殊群体要尽量避免化学防晒，多采用物理防晒。

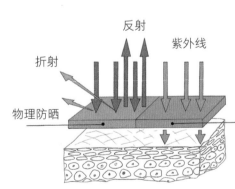

物理和化学防晒的区别

No.5 哪些产品属于
交智商税的产品

如果说什么样的护肤品最受女性青睐，答案不出两种，一是漂亮的包装，让女性看到一眼就着迷；再者，非超炫的广告词汇莫属。

成分及科技感说得越高级，产品包装越新颖，越能激起女性的购买欲，就连理性消费者都很难抵住诱惑。

化妆品的广告词往往紧盯科技前沿，什么词都敢用，特别是一些网络上的宣传更是大胆而前卫。如果我们不认真过脑，就很容易为智商买单。

但毕竟护肤品是直接涂抹到皮肤上的产品，如果任由感性判断购买，钱包瘪了事小，伤了皮肤就得不偿失了。

黑科技是真科技还是纯噱头？

在百度词条中，黑科技是在游戏《全金属狂潮》中登场的术语。原意指非人类自身研发，凌驾于人类现有的科技之上的知识，引申为以人类现有的世界观无法理解的猎奇物。

显然这个词用于化妆品宣传是缺乏科学根据的噱头。

干细胞是真救星还是炒概念？

如果说黑科技是纯粹的噱头，那么干细胞一词确实是现代先进的科学技术。但是我们要清楚，人类对干细胞的研究还处于初始阶段，远没有对其应用放开，而且各国政府也没有批准化妆品应用干细胞。凡是政府不批准、不允许的东西肯定是不安全的。

况且干细胞非常娇贵，没有特殊的环境是不能存活的，死细胞也是没有任何价值的。真有活性的干细胞被违规添加到化妆品中更是危险。

睡眠面膜真的能让皮肤美丽入睡吗?

女性一遇到创新名称的产品就会忍不住尝试，特别是一些让人充满幻想的名字，睡眠面膜就是代表。

哇哦，睡眠面膜，是不是能让我们一觉醒来变成婴儿肌？带着这种幻想是绝对不会错过这样的产品的。

但买了之后就会发现，其实睡眠面膜是和晚霜或果冻霜差不多的产品，叫面膜就是让你涂得厚一些、多一些。

面膜中也会含有防腐剂及化学成分，厚涂不但影响皮肤呼吸，也会加重防腐剂等化学物质的污染，破坏皮肤的微生态环境，影响皮肤正常新陈代谢。

皮肤在睡眠时是新陈代谢及细胞更新的最好时机，晚间也是皮肤卸掉了一天的妆面和灰尘，最需要休整一下的好时机。所以，晚间还是洗完脸轻度护肤，给皮肤一个能自由呼吸的夜晚吧。

缩毛孔是真功夫还是给你造梦？

在美妆网站上，咨询缩毛孔的占比还真不少。看来，为小小毛孔烦恼的大有人在。

我们仔细想一想，毛孔真的能如我们所愿，靠一瓶产品就让它缩放自如吗？

答案是否定的。

我们皮肤上的毛孔可不是为美丽而产生的，它是为我们的体温调节而设计的。毛孔下面连接着汗腺和皮脂腺，当我们周围环境的温度升高时，毛孔必然要张开，通过排汗带走身体的热量以降低体温。同时增加了油脂分泌，夏天皮肤出汗，感觉油腻就是这个原因。另一方面，在冬季寒冷时，身体也会通过收缩毛孔减少热量散失以保持体温，也同时减少油脂分泌，所以冬天皮肤比较干燥。

由此可见，毛孔是很难人为控制的。

想要收缩毛孔，最好的方法是皮肤保持清洁干爽，让毛孔的分泌通道通畅，毛孔自然就不明显。

至于缩毛孔产品是不是智商税，大家自然可以判断。如果真有缩毛孔的产品还真不敢买，因为收缩毛孔等于把皮肤散热的窗户关上了，不仅皮肤受伤，就连身体也会被憋坏的。

No.6 如何理解、选择
和识别药妆品

大家都知道，去日本旅游必购产品中的前三名一定有日本药妆品。特别是问题肌肤人群，对药妆品或医学护肤品会产生莫名的信任感。

从世界范围来看，药妆品护肤也得到越来越多的人认可。每年药妆品消费的增长率都明显高于普通护肤品。特别是欧美、日本等发达国家，药妆品已经占据护肤品市场超半数的份额，且还在连年攀升。

在我们国家，药妆品也显示出巨大的市场需求。人们越来越认可药妆品护肤。但由于市场上的药妆产品质量良莠不齐，也给消费者带来不少困惑，还有人因不了解药妆品而担心是不是能长期使用……

首先我们来弄清楚什么是药妆品？又应该怎样使用药妆品、鉴别药妆品呢？

就药妆品或医学护肤品这个概念而言，世界各国都没有一个完整统一的规定。我们国家也不允许声称"药妆或医学护肤品"，但专业人士也还是有一致的看法，即配方简约、温和，有效成分添加到有效剂量，能给皮肤问题带来改善效果的产品。

所以我们要明白，是不是药妆品，其实是由配方及功能决定，并不是我们简单理解医生推荐的、药店销售的、药厂生产的或医疗器械号产品等就是药妆品。

叫药妆品也好，叫医学护肤品也罢，其核心主语仍然是"妆"和"护肤品"，它归根结底是护肤产品，当然可以长期使用。

但由于目前市场上有不法厂家违规添加激素、抗生素等冒充药妆品，让消费者受到了伤害。

所以选择药妆品，不仅要看产品质量，更要看服务人员的专业程度。

No.7 东西方药妆品哪家强

在中国，中药用于皮肤保养并治疗一些皮肤病已有几千年历史。仅历代医书中记载的美容及治疗皮肤病的方剂就近千种。因此，说中药是药妆品的鼻祖也不为过。

中药化妆品以其独特的养颜及调理兼备的整体优势，不仅受到众多中国女性的欢迎，也越来越受到全世界女性的广泛关注。

相对西方的药妆品，中药组方护肤应该代表中国特有的东方药妆品。

虚然药妆品这一概念还不被允许，但实际上不论是专业人士还是消费者，心里都有一个药妆品的定义。

为此，我们有必要将东西方药妆品的各自优势做一个比较，让我们在选择时做到心中有数。

西方药妆品

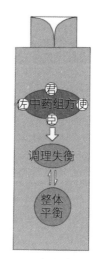

东方药妆品

无论东西方药妆品，配方简约、温和是原则

无论东西方药妆品，在配方上一般都采用简约、温和配方，不含明确的致敏成分及遵守严格的原料筛选原则。

同时，药妆品一般都规避香精、色素的，防腐剂一般也都采用温和防腐剂。

中药药妆品属于现代护肤科技加上中草药组方的结合品。在配方上仍然遵守简约、温和的基础配方原则，以无刺激、严选原料、不添加香精色素为准则。

西方药妆品主打单一成分，而中药则是组合拳

就像西药一样，西方药妆品主打单一成分，如常见的针对敏感肌修复的泛酸（维生素 B_5），针对痘痘肌的水杨酸及针对色斑的维生素 C、曲酸等。虽然有效果，但对严重的皮肤问题，如敏感肌和激素脸等，就很难通过一个明星成分得到相对彻底的修复。

中药在这方面就非常有优势。中药药妆品的优势在于复合组方，打团队战、组合拳。最典型的就是中药方剂中的君臣佐使配伍原则，强化优势互补。同时中药不仅有调理成分，还有营养成分，对皮肤问题既有主攻手，又有协防和助攻，这就是标本兼顾。

因此，中药药妆品不仅能调理皮肤问题，还能养颜护肤兼备。

护肤品选择和使用须知

方法不对，大牌也会伤皮肤

很多女性，在护肤方面不但舍得花钱，而且在使用量上也很土豪。我在前面章节中提到，二十几岁的女孩子，大牌百元面膜一天就贴2～3片，结果皮肤变敏感。更有很多中年女性为了对抗日渐衰老的容颜，不仅面膜用得勤，晚间抗衰面霜也恨不得涂得像鞋底一样厚。

我们总以为好东西只要多用就会和效果成正比。但别忘了，无论大牌子还是小牌子，在吸引你的好东西背后，还有很多对皮肤不友好的化学添加成分。

所以对皮肤而言，不仅要谨慎选择产品，更要有正确的使用方法，只有这样才能保证皮肤安全。

护肤品怎么选，皮肤说了算

现在的女性在护肤品的选择上似乎走入一个怪圈，不是参照皮肤的状态和需求选购护肤品，而多数是自己认为好，或他人说好，或是追赶流行而购买。

她们的共同特点是频繁更换护肤品，听说什么好就赶快买来使用，如果效果不好就又选新的。

这种把皮肤当做试验田的做法，结果可想而知，最后基本都是走向敏感肌制造之路。

选护肤品就像给身体选择食物，应该以皮肤和身体需求为导向。如果自己判断不清楚，可以向专业销售人员求助。

把握好护肤的"度"，才能避免蜜糖变砒霜

我们当中绝大多数人对护肤的理解，还停留在使用越多，效果越好的层面上。加上商家和明星代言的推波助澜，让我们的护理步骤越来越多，有的甚至达十几层。

不仅护肤步骤多，还不断提醒你护肤不要懒，要多用、勤用，才能保证效果。如果这是在专业人员指导下的皮肤问题集中调理是可以理解的。但是对日常护肤，使用不当反而会产生问题。

在中国文化中，无论是处世之道，还是中医养生养颜之道，都很重视平衡、适度原则，更有过犹不及的理念。再好的东西，过了适度这一界限，就会蜜糖变砒霜。就像饮食不当失去平衡，导致三高是一个道理。

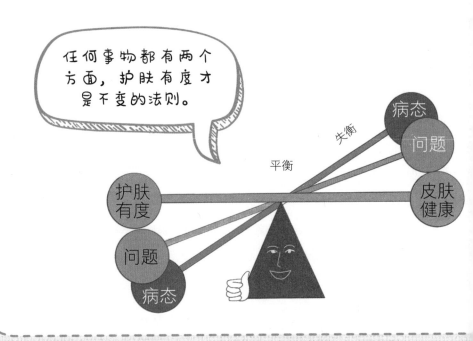

任何事物都有两个方面，护肤有度才是不变的法则。

线上大V、主播的箴言怎么听?

在各大网络平台上，不仅有无数给你推荐护肤妙招及护肤神器的博主，一声叫卖让粉丝都不加思索就掏腰包的网络大V主播，还有后加入主播、视频大军的所谓专业人士，如医生、博士、明星等。

她们用各种说辞及小实验想告诉你：除了他的方法，其他都是错误的。我们都是普通消费者，对这些说法很难做出真伪的判断。

但只要我们把握几个关键知识点，还是会保持自己的理智，做出正确的判断。

即便博主推销的商品，也不是都适合自己

如果我们购买产品的决定是基于对明星或博主的信任，或看购买场面太热烈而购买就是盲目从众消费。回头看看自己抢购的产品有多少能坚持使用完，又有多少能让皮肤受益。

你的购买判断不是来自主播，而是自己的皮肤。更不要看明星或大 V 主播的皮肤，因为那是滤镜下面的假面具。

简单牢记：钱是自己的，脸更是自己的！

专业人士的支招要这样判断

不可否认，医生是非常专业的。很多医生给消费者的建议很实用，特别是对一些皮肤有问题的人，帮助还是蛮大的。

但是也有一些专业人士给出的一些见效很快的所谓"妙招"，并没有交代治疗原理，如用消毒剂和抗生素祛痘，用激素药物抗过敏等。

医生的话，很多人不加分析就照搬照做，虽然见效很快，但如果不懂这些药物的不良反应而盲目使用，就会引发更严重的后续皮肤问题。

如何判断医生告诉的方法是否可行，下面这四条建议要牢记：

一要清楚：

医生看病开方，是要针对具体病人、具体病情的。如果你的皮肤问题严重到需要医疗的程度，还是建议到医院接受具体的个性化治疗和指导。

二要懂得：

如果属于日常护肤中的普通皮肤问题，如普通的青春期黑头、痘痘、敏感肌等问题，建议还是要谨慎使用药物。因为药物是不能当做护肤品经常使用的，如果长时间使用就会产生严重的不良反应。

很多皮肤问题，只要纠正不良护肤习惯就可以改善。要牢记，治病和护肤是两码事。

三要知晓：

对医生极力推荐讲解的视黄酸及美白成分氢醌等，不要盲目去找产品使用。这些医生讲的，原则上说的是药物而不是护肤品。

在护肤品里，对这些成分都有限制。另外，"氢醌"因其有细胞毒性已经被限制使用到护肤品中。

还是那句话，不要把医疗方法和知识当做日常护肤圣经，否则会很快出现皮肤问题。

四要明白：

一些实验室博士们使用各种仪器数字为你洗脑。你只要牢记，数据永远是实验室的，不是你皮肤本身的，听听就好。况且有很多是商家自己的人员穿上白大衣在实验室拍的。

其实，凡是市面上已经销售的产品，只要是合格的产品都应该是相对安全的。

对皮肤来说，适合不适合只有皮肤说了算。

东方护肤语录

● 任何事物都有双面性，护肤品也不例外。因此，我们不但要了解护肤品对皮肤的好处，更要知道护肤品背后的风险成分。

● 护肤要有自己的判断力，购买产品不迷信、不跟风、不盲从，唯一的选品标准是自己的皮肤状态，不管是谁，专家也好，网红也罢，如果不设前提就给你妙招及推荐产品，甚至把治疗手段当护肤指导就是耍流氓。

● 对皮肤问题的修护选择，分清药物治疗和护肤品的区别。药物不可长期使用，而护肤品则不然，但药妆品不是药，是妆，可以长期使用。

Part 8

爱美需会吃，
如何吃出健康美肌

真正懂得保养的人，从不会忽视在吃上下功夫。让饮食成为美肤缔造者，通过饮食助力改变皮肤敏感、痘痘、色斑等皮肤烦恼，这才是真正的美肤高手。

健康食物是口服的化妆品，是美丽的源动力。

工业化时代下的食品，如同护肤品一样，也伴随越来越多的食品添加剂和防腐剂。各种流行的饮料、甜点、方便食品已经让年轻人上瘾，不利健康的同时也成为皮肤问题的导火索。

正如中医文化传播学者田原老师在其《子宫好女人才好》一书中写道，是否吃对了食物，与是否吃对了药是一样的道理。有时候食物比药物更危险。因为太平常，天天吃，很少有人去防范它。而药物总是和病连在一起，"是药三分毒"，反而没有人过多地去吃药。吃错了或吃但不适宜的食物，那也带着"三分毒"。

中国有句话叫"病从口入"就是这个道理，从美肤角度讲也可以叫"丑从口入"。

No.1 美肤饮食无优劣，
均衡营养是王道

油脂类
每天不超过 25 克
盐要控制

牛奶每天 100 克
豆腐每天 50 克
坚果少量

鱼、禽、畜、蛋
每天 100 ~ 200 克

蔬菜类要充足
每天 400 ~ 500 克

水果类不是越多越好
每天 100 ~ 200 克

五谷类作为主食
粗细搭配食用量最多

中国人营养膳食宝塔

从食物的营养价值来说，不能单纯从食物价格评论其营养价值。山珍海味对比粗茶淡饭，真的说不上前者能比后者多了多少营养。

无论是海参、燕窝、甲鱼汤，还是鸡蛋、豆腐、大白菜，都可以满足机体的营养需求。就像女性购买几千元的面霜和几百元的护肤品，其本质并没有区别。这些都是一个道理。

吃，最关键的是要营养均衡，满足我们的身体对各种营养素的需求。因此，在日常饮食中，为了身体和皮肤健康，应做到食材多样化、天然化。同时要避免不良饮食习惯。

按中国营养学会的膳食指南吃，就是最适合中国人的健康饮食。

主食必须吃，粗细搭配是最佳

中华民族自古就是农耕民族，以谷物为生。但现代技术让谷物过于精细化，反而把精华丢掉。不但损失珍贵的维生素，也缺少膳食纤维，影响胃肠蠕动。

过于精细的主食会让血糖过快升高，加重胰腺负担，进而增加患糖尿病的风险。同时，主食过于精细也不利于肠道毒素的排出，从而影响皮肤健康。

因此，在主食的选择上要粗细搭配。这一点不难做到，在日常饮食中可以选择全麦面包，外卖食谱中适当添加玉米或红薯之类的粗粮，给过于精细的米饭和面食找个健康搭档。特别是皮肤敏感及爱长痘的人群，更要注意日常饮食调配。

多吃蔬菜和水果，过犹不及要记得

蔬菜、水果不但能给机体提供维生素和微量元素，也是膳食纤维的良好来源。

水果和蔬菜虽然好，过犹不及要记得。有些女孩不吃主食，为了保持身材或减肥，以大量蔬菜、水果充饥也不可取。因为过量食用蔬菜及水果不仅会导致胃肠不适、胀气，从中医角度看，也损害脾胃。脾胃虚弱则反过来会影响身体和皮肤健康。

所以，每天摄入蔬菜 400 ～ 500 克、水果 100 ～ 200 克足矣。

大豆、坚果和牛奶，营养保健是最佳

大豆及其制品是最适合中国人的优质植物蛋白食品，不但富含蛋白质，也是钙的重要来源。同时，大豆中的大豆异黄酮还是女性最佳保健品之一，能发挥类似植物雌激素一样的效果。

坚果不但能补充蛋白质，同时也是必需脂肪酸和矿物质的来源，特别适合作为上班族的零食。但因其热量较高，所以每天应适量食用。

牛奶是餐桌常见食品，但牛奶不宜过多饮用，特别是胃肠不适的人，不如饮用豆浆，更适合中国人的体质。

吃肉首选鱼和禽，红肉少量不能多

就身体健康而言，优质蛋白质无疑是不可或缺的角色，特别是动物蛋白质，是能被人体充分利用的优质蛋白。但动物肉多伴有过多油脂，特别是像牛、羊、猪这类红肉，食用过多容易导致血脂高和肥胖，并增加心脑血管疾病风险。现代科学也证明，过多食用红肉会诱发多种疾病。

对身体和皮肤来说，鱼，特别是深海鱼，不但能提供优质蛋白，而且其中的鱼油可以提供必需脂肪酸，让我们的血管更干净，皮肤更滋润。

另外，家禽肉、兔肉都是脂肪较少的适宜食用的肉。

烹调要清淡，要用好油

我们吃油不仅仅是因为油脂可以带来美味，更重要的是我们需要从油脂中摄取人体必需的脂肪酸，即 ω-6 多不饱和脂肪酸和 ω-3 多不饱和脂肪酸。两者必须保持一个恰当的比例才能为我们带来健康。现在，营养学家公认的两者比例约为 4：1。

我们中国百姓的日常食用油，如豆油、花生油、菜籽油等，缺点是其中的 ω-6 多不饱和脂肪酸过多，而 ω-3 多不饱和脂肪酸过少，两者比例严重失调，不利于健康。

因为必需脂肪酸是细胞膜的重要组成成分，更是保持皮肤润泽光滑的保障。所以，为了避免我们日常食用油所含营养的不足，可以多种油搭配食用。特别是烹饪时加入橄榄油、茶树油、亚麻籽油等，可以补充大众食用油的不足。也可以经常食用一些鱼，如三文鱼、沙丁鱼等，这些都是健康美食。

美肤饮食不过量，体重稳定最重要

中国自古就有"饭吃七分饱""过午不食"等讲究。无论怎样，适当控制饮食和保持稳定的体重，对健康和美丽的好处都毋庸置疑。

现在的人们似乎过着很矛盾的生活。一方面拼命美容护肤，另一方面又做着损害健康和美丽的事情。要么挨饿减肥，要么暴饮暴食，体重像变戏法一样。这样的饮食方式，哪怕你使用再昂贵的面霜、再完美的化妆技巧也无法掩饰不健康的气色。

一日三餐不可少，分配合理更重要

很多年轻人的饮食习惯是不吃早餐，晚上熬夜加餐，以外卖果腹，或为了减肥，用水果、蔬菜充饥，这些都是极不健康且破坏肌肤健康的用餐习惯。

前一段时间，钟南山院士的早餐上了热搜，给大家揭示了八十多岁的他仍然健步如飞、面色红润的秘密。

其实，在中国早就有"早晨吃得像皇帝，午餐吃得像平民，晚餐吃得像乞丐"的说法。这其实就是最形象、最养生的三餐吃法指南。

为什么要重视早餐？因为一整夜空腹，胆汁也蓄势待发要排放，如果不吃早餐，胆汁得不到释放，日久天长就会让胆道结石钻了空子。同时，早晨也是一天活动的开始，早餐要为上午的思维活动和体力活动补充能量。

所以，想要美丽的女士一定要保证自己的早餐。而晚餐则要简单易消化，给胃肠减轻负担。

男女都是水做的，白水省钱又美肤

水是生命之源。大家都知道美容要多喝水。喝水不但是给皮肤保湿的手段，而且水本身也是机体进行生物化学反应的媒介。人在困境的时候可以暂时没有食物，但不喝水，人体很快就会出现脱水症状。

不仅女人是水做的，男人也一样。人体 60% 以上都是水，我们身体除了通过呼吸、粪便、尿液流失水分外，汗液也会带走体内水分。

所以正常人每天要补充 1500 毫升的水才能让机体水分达到平衡。要想细胞饱满、肌肤水嫩，则每天要喝水 2000 毫升。由此可见，补水保湿要从喝水开始。

饮酒应限量，戒掉碳酸饮料和奶茶

饮酒伤肝，这个大家都知道。

年轻一代对甜饮料的依恋已经构成健康和美肤的隐患。这些饮品不但含糖量高，同时，因过多的添加剂让身体处理它们时额外消耗了维生素和微量元素，不但增加肝脏负担，还会增加患肥胖、高血糖、冠心病风险，更不利于皮肤美丽。

据中国疾控中心的调查数据显示，在我国，特别是发达省份，中青年因喝甜饮料导致糖尿病和冠心病的病例数越来越多。所以不论从健康角度还是美肤角度，杜绝甜饮料都是必需的。

看来，曾经上过热搜的中国人日常关心语——多喝水，多喝热水，其实还真是健康的关心语言。

吃新鲜卫生的应季食物

中国人的养生观历来提倡天人合一、顺应四季，其中饮食就表现在吃应季新鲜食材。

反季节蔬菜和水果虽然满足了我们的胃口并丰富了我们的餐桌，但人工干预下的蔬菜已经从生物学角度违背了自然规律，不但营养不能和应季蔬菜相比，可能一些蔬菜还残留一些激素等对人体不利的成分。所以，尽量吃应季蔬菜。

No.2 饮食多样轮替吃，
别让慢性食物过敏害了你

通常情况下，健康的食物如果不能很好地被消化吸收，就有可能变成身体内的毒素。

我们的肠道一般是把食物消化分解成小的分子，就像淀粉类食物分解成葡萄糖，蛋白质分解成氨基酸，油脂分解成脂肪酸，这样营养物质才能被吸收。

但是如果消化不好或者我们的肠黏膜受损，出了"漏洞"，那么没消化完成的食物大分子就有可能乘虚而入，进入血液。当这些没被消化好的食物大分子进入血液后，会被身体的免疫系统当作敌人而展开攻击，从而引发过敏反应，这在医学上被称为肠黏膜屏障损伤。

令人无比困扰的顽固皮肤问题，如湿疹、荨麻疹、脂溢性皮炎、过敏症、痘痘及身体疲劳、精力不足、痛经，甚至抑郁等，都可能是肠黏膜屏障损伤引发的慢性食物过敏。虽然你并没有明显的感觉，但炎症已经开始伴随你的生活。

遇到这样的情况，食物不但不会提供给身体能量和营养，反而会给身体带来毒素和负担，让身体健康和皮肤出现问题。

　　因此，敏感体质和慢性疾病者，如患湿疹、荨麻疹等人群，或长期身体不适、精力不足的人都要警惕是慢性食物过敏在作怪。

　　为防止慢性食物过敏，对应的饮食措施就是多样化饮食，即不要连续重复吃一样的东西，轮替、多样化饮食是健康和美肤双赢的饮食策略。

No.3 肠道好，脸才好

肠道是内在皮肤，它好，才会让营养吸收好，皮肤也才会好！

很多皮肤问题都与肠道功能有关。现在大家很关心化妆品里的营养，殊不知，皮肤的真正营养来自体内，且直接与肠道消化功能有关。

如果吃得不合理，身体摄入的必需营养素不足，就会影响皮肤的健康。同样，尽管吃得营养合理，但消化不良或吸收不充分，也不利于皮肤健康。

现代饮食方式及工作竞争压力很容易让肠道出现问题，影响食物的消化吸收。因此，对于爱美的女性来说，保护好肠道和吃好饭尤为重要。

你的肠道不简单

肠道不是简单的管状结构。为了消化吸收食物，它的内部充满褶皱，相当于放大了肠道内表面积。如果将其展平，相当于一个小型足球场的面积。

肠道帮助身体把住吸收关口，以阻止食物中的有害物质或没有消化好的大分子物质混入体内。

当我们身体长期处于压力之下时，肠道免疫力就会降低，肠道毒素或没消化好的食物就会乘机进入血液引发过敏。这也是压力下人容易消化不良或患湿疹等的原因之一。

肠道好才能消化好、吸收好

要想身体健康，皮肤光泽红润，不仅要保证吃对食物，还要保证吃进的食物能被充分消化吸收并为身体所用。这个消化过程需要胃酸和消化酶来完成。

你可能难以想象，为了消化一日三餐，肠道每天需要分泌 10 升的消化液来完成工作。如果消化液的数量不够，就会出现消化不良，表现为腹胀不适，甚至连吃饭都让你感到疲惫不堪。

中医一直强调的养好脾胃也是一样的道理。所以，无论现代医学还是中医观点，保护好肠道都至关重要。

肠道菌群，健康肠道好帮手

我们的肠道要想完成消化吸收的重任，离不开一个好帮手——肠道菌群。

说出来可能难以置信，我们的肠道里面住着 400 ~ 500 种细菌，如果把它们刮下来称重的话足有 1.5 千克。

肠道菌也有好有坏。好的细菌叫"益生菌"，不但能帮助肠道把好吸收关卡，还能分泌有益物质，提高肠道免疫力，并制约有害菌，不让它们兴风作浪，维持着肠道菌群动态平衡。

不健康的食物和滥用抗生素都会对益生菌产生破坏，导致菌群失调，使肠道过早老化。

肠道老化不但是皮肤美丽的直接杀手，更是很多疾病的根源。所以，维护好肠道菌群至关重要。补充益生菌就是非常好的健康手段。

肠道老化、菌群失调带来的健康危害

美肤必备好食品

现代人由于工作繁忙和生活压力大，已经很少有人能有闲暇时间来合理规划自己的一日三餐。工业化的种植农作物又让我们的食物营养大打折扣。

因此，我们有必要针对日常饮食的不足，为自己和家人合理添加一些特殊的健康补充食品。这不但是美肤所需，而且是健康必备。

健康补充食品种类繁多，鱼龙混杂，让我们很难选择。我曾在一档电视节目中看到一个年轻女孩儿每天竟然吃近二十种保健食品。当主持人问她不怕把肝脏吃坏的时候，她竟然回答她也吃保肝的保健品。这样选择保健品是不是很像那些认为化妆品功效多多益善的女孩儿选化妆品的方法呀？所以不但要重视健康食品，而且要学会如何选择健康食品。

针对目前大多数人的生活及饮食特点，下面这些健康食品可以作为健康补充首选。

益生菌——21世纪健康美丽新希望

随着科学的进步，人们发现，益生菌与人类健康和美丽的关系是如此紧密。对益生菌的应用，也由原来的单纯改善肠道，向改善人体亚健康状态，以及辅助疾病治疗方向发展。甚至，有人形容益生菌是21世纪的绿色药物。

所以，无论是从改变日常不良饮食习惯，还是改善身体亚健康，亦或是作为一些疾病的辅助治疗，如过敏性疾病、阴道炎、肠炎、便秘等，都应重视益生菌。而且，要补充专门的益生菌产品而不是仅仅饮用酸奶。

功能性益生菌十大保健功效：

1、改善过敏体质。
2、健康肠道，腹泻、便秘双调节。
3、调节免疫机能。
4、抗衰老、抗敏、祛斑、祛痘。
5、抗老化，预防阿尔茨海默病。
6、抗恶性肿瘤。
7、降低胆固醇。
8、降血压。
9、抵抗病毒、细菌入侵。
10、降低幽门螺杆菌感染率，降低溃疡发病率。

益生菌——人类健康好帮手

原花青素——最受欢迎的多功能抗氧化剂

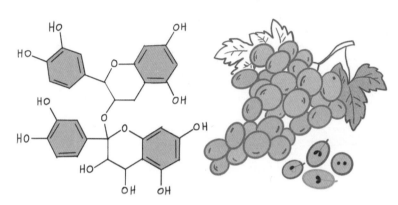

葡萄籽提取物——原花青素的面貌

原花青素是一种在植物中广泛存在的天然成分。因其在葡萄籽中含量较高，从而多数产品被称为葡萄籽提取物。

原花青素是世界公认的十大抗氧化剂之一，其抗氧化能力是维生素C的20倍、维生素E的50倍。

人类对原花青素的研究已经历经30多年。效果和安全性已经得到世界各国的认可，在美国被消费者评为最受欢迎的抗氧化食品之一。

目前，含有原花青素的食品之所以广受欢迎，就是因为它的多重保健功能。它作为公认的最受欢迎的抗氧化剂，其有如下明确的作用：

(1)对抗衰老性疾病，如心血管老化、关节炎等。

(2)明确的抗过敏功效，能改善瘙痒、湿疹、荨麻疹等过敏症状，被形容为深入细胞抗过敏的好帮手。

(3)防辐射、美白功能。对爱美女性夏季防晒黑及电脑、手机不离手一族起到很好的保护皮肤、美白皮肤的效果。

所以，不论从美丽角度还是从健康角度，原花青素都是日常饮食的好帮手。普通人群健康使用量一般为每日50～100毫克。如需发挥特殊的抗过敏等功能则根据需要加大用量。

维生素、矿物质——量小而作用神奇的营养素

维生素，顾名思义就是维持生命不可缺少的物质，也属于抗氧化剂。

现在的女性大概都知道维生素C和维生素E这对明星。其实，维生素可是有一大家子成员，如B族维生素（维生素B_1、维生素B_2、维生素B_6、维生素B_{12}、叶酸）、维生素A、维生素D、维生素K等。

尽管维生素既不能为我们提供能量，也不参与构成我们身体的细胞，但它的作用一点也不比蛋白质、脂肪和糖类差。因为它是蛋白质、脂肪和糖类这三大营养素的发动机，没有它，三大营养素就无法发挥作用。同时，它也是身体解毒必不可少的物质。

提到矿物质，大家可能比较陌生，若提及百姓餐桌少不了的食盐，可是妇孺皆知。其中碘、铁、锌及全世界都嚷嚷缺乏的钙等，这些都是我们耳熟能详的矿物质的名字。

我们人类是地球的孩子，地球上存在的矿物质绝大多数也存在于我们身体之中，且随着科技的进步，这些矿物质对人体的作用也越来越清晰。

矿物质和维生素一样，不能直接为我们的身体提供能量。人体本身不能合成，只能从食物中获得，所需要的量也很少，需要量最多的钠、钾、钙、镁也只能以克或毫克来计算，我们叫常量矿物质或常量元素。其余绝大多数都只需微量，以微克或纳克来计算，又叫它们微量矿物质或微量元素。

矿物质对人体的作用可用调节和平衡来形容，我们体内的许多生化酶和一些激素发挥作用都离不开矿物质。矿物质可谓人体的活力电源，更是身体排毒、解毒不可或缺的营养素。

如果你的饮食偏好不健康，如果你的生活不规律，如果你的身体呈亚健康，如果你的生活工作压力大，请把维生素和矿物质营养食品纳入食谱，以及时纠偏。

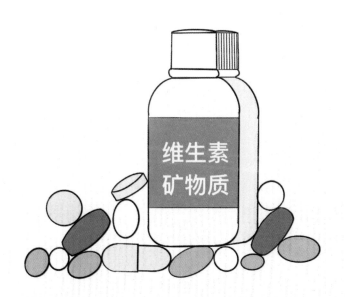

No.4 营养补充把好三关，
吃出健康，收获美肤

现代人的食谱和古人相比发生了很大的变化，即维生素、微量元素不足而毒素摄入增多。

食品添加剂的广泛使用及饮食的不平衡，加上压力、环境污染等诸多因素的影响，让我们的身体面临巨大的解毒压力。而解毒、排毒都离不开好肠道和抗氧化剂。

但面临五花八门的保健食品，我们如何筛选？如果不具备基本的健康保养知识，不但花钱吃不出健康，反而会给身体和皮肤带来负担。因此，保健还需会选择健康食品才行。

在选择健康食品时建议把好三关。

1. 肠道关。益生菌是不二选择。

2. 抗氧化关。自由基是衰老及疾病祸根的理论已经被广泛证实。抗氧化剂作为食物补充有重要意义。原花青素、维生素、微量元素等要纳入餐盘。

3. 脾胃关。脾是后天之本，足见其重要性。

东方护肤语录

●美丽的女人都懂得在吃上下功夫。

●健康美肤 = 合理的护肤方法 + 健康饮食 + 优质健康食品。

●怎样吃出好皮肤和怎样护理好皮肤有一个共同的原则，那就是平衡。

●健康食品是美丽的内源动力，是口服的化妆品。

●适当补充营养食品，是对饮食失衡的一种补充，要把握"肠道益生菌""抗氧化剂""养脾"三原则。

Part 9

中医智慧，
"整体"及"平衡"之美

在人们对健康和护肤都处于迷茫状态的今天，具备中医思想会引导我们拨开迷雾，走出护肤的局限和困局，让我们有茅塞顿开的感悟。

作为中国人，可以不懂中医，但一定要了解中医。

中医养生及养颜思想的核心是"整体"和"平衡"。这是东方护肤智慧。主张天人合一，顺应万物，和谐平衡。无论是皮肤外在环境还是内在环境，任何平衡的打破都意味着问题的产生。皮肤敏感、激素脸、痘痘、暗沉等，都是身体失衡的外在表现。

这种失衡得不到纠正，即使用再昂贵的护肤产品，也只能起到短暂的效果。

No.1 中医养颜智慧，
做好"里子"才有好"面子"

中医的美容观点认为，好皮肤得益于一个人的整体气血及五脏六腑的平衡协调，这体现了中医的整体生命观。

记得著名中医药文化传播人田原老师在《素颜女人》一书中，把皮肤和身体的关系比做土壤和地球。皮肤就是身体的土地，土地的好坏直接反映了阳光是否充足，灌溉是否合理，更反映地表下面水脉和地层结构等的优劣。而现代一些错误的护肤方法就好比给土地施肥过多，出现板结、酸化或碱化一样。这样的比喻，一语道破当今女性的护肤状况。

现代人，不仅皮肤这个"面子"出了问题，同样，身体这个"里子"也出了问题。脾胃虚弱、气血不畅、五脏六腑失调。"里子"不好，必然"面子"也不可能好。

中医养颜观就是整体调理观，从来不是在一个点上看问题，而是从一个点反映整体。

所以，对待皮肤问题，不仅要外养，更强调内调。做好"里子"才有好"面子"。把美肤和身体健康相关联，这才是真正的中医养颜大智慧。

No.2 好气色离不开
充盈的气血

你的气色真好！这是中国人对好皮肤最高的褒奖词。

气色可以说是气血的外在反映。

气血大概是认知率最高的中医名词。中医对生命的认知最重要的是气血。"气"是中医独有的概念，它和血相伴而行，有"气为血之帅""血为气之母"之说。"气"是推动血液运行、各脏腑活动及保持人体热量的动力；而血液是滋养五脏六腑和皮肤的能源。可见气血之间的密切关系。人们历来形容健康皮肤为"好气色"，大概也来源于此吧！

中国女性最喜欢的是"白"。美白永远是女性护肤最重要的追求目标。但你知道吗，"气色"要比"肤色"更能决定你的年轻度！

好气色代表肤色均匀、通透、滋润、有光泽，从里到外散发皮肤活力之美。这是人体健康的外在表现，是任何高端护肤品也难以企及的美丽状态。这需要体内气血充盈，五脏协调平衡。

由于女性特殊的生理特点，很容易导致气血不足或气滞血瘀。所以，无论是从保健角度还是从美丽角度，养好气血对女性都非常重要。

但遗憾的是，现代年轻女性的生活方式往往和中医观念背道而驰。

不注意养血养气，作息及饮食都极不规律，熬夜、吃垃圾食品、动不动就节食减肥或暴饮暴食等。这样的生活习惯会让身体演变成气血双虚或气滞血瘀的体质，严重影响身体健康和皮肤美丽。

女性最在意的皮肤暗黄、干燥、粗糙、无光泽，头发干枯，口唇泛白等，都是气血不足或气滞血瘀，进而脏腑失衡的表现。

没有充盈的气血滋养肌肤，再贵的面霜，再多功效的面膜，再高级的美白霜也难掩病态的肤色。

所以，养好气血才是真正的美肤核心。

No.3 外在美得益于
五脏平衡

中医认为，脸上的每个部分都有对应的脏腑关系，也就是说，从脸上的问题就可以看出五脏六腑的健康状况。而好皮肤得益于五脏平衡。

面色红润有光泽需要有颗活力十足的心，因为心与面色相关联。如果心血不足，再好的粉底也遮挡不住惨白的肤色。

明亮的眼睛需要肝的滋养，因为肝和眼睛有对应关系。如果肝气郁滞，再昂贵的眼霜也难以改善无神的眼睛。

想要脸部的肌肉线条紧实不松垮，口唇滋润丰满，则需有个良好的脾做后盾，因为脾主肌肉，开窍于舌。如果脾虚，再怎么使用提拉紧致面膜也改变不了日益松弛的脸部线条。

而鼻子及周围的问题，就要从肺上找原因，因为肺开窍于鼻。如果肺气不足或肺火旺盛，则难免有鼻炎或长痘烦恼。

想拥有一头秀发则需要肾脏来帮助，肾主骨生髓，其华在发。

由此可见，中医的护肤思想不仅包括通过护肤手段达到疏通皮肤经络、清热、解毒、祛湿和化腐生肌等原理调理皮肤的功能，还包括通过皮肤的反馈,整体调理脏腑之间的失衡,从而让皮肤真正回归活力,再现健康美肤。

这正是中医美容的整体平衡思想。

养好五脏是美丽根本

No.4 健康美肤，从认识脾开始

　　在五行中，中医把"土"的位置赋予了"脾"。中国人常把土地比作母亲，土地承载着滋润万物、厚德载物的重要使命。能把这么重要的位置给了脾，且还赋予脾"后天之本"的称号，足以说明脾在五脏六腑中的重要性。

　　中医说的脾不是我们现代医学中的脾脏，而是涉及消化、吸收、免疫、循环、运动等多种功能的脏腑名称，是把我们吃进的食物转化成气、血、津液和免疫力等的功能中心，是身体的能量发动机。

　　中医认为脾是气血生化之源。同时，脾又负责营养肌肉，包括内脏肌肉。

　　所以，脾不好就容易导致肥胖、糖尿病、腹胀、便秘、腹泻、食欲缺乏等，在体型上表现为肌肉松弛、垂胸平臀，在皮肤上的表现就是皮肤暗黄、粉刺、过敏、干燥、衰老等。

　　可以说，"脾虚的女人老得快""脾虚的女人皮肤问题多"。所以，健脾才是美丽的核心！

脾胃好的女人最美丽

什么样的身体表现说明脾胃好呢？从身体功能来说，就是脾胃动力足。表现为到饭点就知道饿，吃饱了能消化干净并化生成足够的气血，营养全身。排泄物能通过大小便及时排干净，没有多余的湿热。在皮肤上表现为好气色，皮肤滋润有光泽、不长斑、不长痘、脸部线条紧致不松弛。体重正常，不胖不瘦。

这样的脾胃让机体代谢顺畅，不会导致体内毒素堆积，生命呈现出勃勃生机。

但随着年龄的增长，脾胃的生理功能会减弱，加上生活和工作压力及不健康的生活方式，我们的脾胃经常受伤。

所以，健脾应该是我们一生都要努力去做的事情。

长寿之人都懂得养脾

史上最长寿的皇帝——乾隆，就非常重视调补脾胃。

据史料记载，乾隆一生离不开的糕点叫八珍糕。由人参、茯苓、芡实、莲子、山药、薏米、麦芽、白扁豆等药食同源中药制成。从组成看，全是由健脾胃的药物组成。这也可能是使他长寿的饮食习惯吧。

虽然长寿者的饮食、运动等习惯不一致，但仔细分析还是有共性的，就是他们的日常生活习惯都很养脾，不贪吃、作息规律、遇事想得开、经常活动等，这些无一不是健脾的好方式。

有好多长寿老人到了高龄仍然容光焕发气色好，看来好脾胃可以使我们健康长寿。

我爷爷活到95岁仍然保持白里透红的皮肤，让年轻人都羡慕不已。回顾一下老人家的一生，突然发现，他从不挑食，更不贪食。从来没听他说过一次"今天吃多了"这样的话。所以，他可以一直保持旺盛的精力和好气色。

美肤行动，从避免伤脾开始

很多人护肤都只做表面功夫。特别是年轻人，一方面"咬牙"购买大牌面霜、精华液，一方面做着伤脾毁容的事情。像网络上流行语所说，"抹着最贵的面霜，熬着最深的夜，吃着快餐配可乐。"

从这样的描述中，我们就可以知道年轻人错误的美肤方式。以为高级大牌面霜就能帮她们去掉熬夜导致的黑眼圈和暗沉的肤色。殊不知，这种伤脾行为导致的皮肤问题，使用再高级的面霜也不会带来好气色。

以下是《生命时报》曾给出的现代伤脾的10件事，审视一下自己的日常习惯是不是中招了。

日常十大伤脾行为

毫无节制吃冷饮

脾是怕凉的脏器。如果你经常吃冷饮，特别是夏季毫无节制地吃，就会让脾胃虚弱，影响气血的生成和运化，进而影响身体和美丽。即便省吃俭用买大牌护肤品，也难抵伤脾对美肤的影响。

夏季空调温度调太低

中医讲天人合一，人体要顺应四季养生。但现在生活条件好，室内都有空调。年轻人贪凉，往往把空调温度调得过低，这样就容易导致外寒侵袭脾胃。

爱穿露脐装

肚脐是很重要的穴位，叫神厥穴，经常露在外面也会受到风寒侵袭，不仅伤脾，还伤肾、伤骨头。所以，在保持美丽的同时还是要注意保暖的。

凉茶喝太多

凉茶，顾名思义由凉性中药制成。一般采用菊花、金银花等夏季去火、去内热的药材组方。但如果你本来就脾胃虚寒，喝太多就是雪上加霜。

因此，不能因为怕上火就无顾忌地饮用。为了保护你的脾，还是注意用量为好。

主食吃太少

中医讲五谷为养，指的就是养脾胃。

太多的女性为了减肥或保持体形，按西方营养学讲究控制热量，选择不吃主食，其实这是很伤脾的行为。

我看到很多女性，体重减下来了，可是按中医讲，伤脾了，不但导致脸色发黄，毫无血色，而且很多人变得体质很差，免疫力下降。

所以，美丽还是要遵守祖训，不能不吃主食，但建议粗细粮搭配。

饮食不规律，暴饮暴食或为了减肥不食

现在的女性，无论多大年龄，无论体重是否超标都把减肥挂在嘴边。阶段性地让自己挨饿减肥，减掉体重后又开始暴饮暴食。还有一些人，为了睡懒觉不吃早餐。

这样的饮食方式就是伤脾行为。想美丽，首先要把饭吃好。

记住，吃好一日三餐，胜过千元面霜、万元精华。

蔬菜、水果生吃过多

和第四条不吃主食一样。很多减肥的女孩不吃主食而以蔬菜、水果充饥。按西方营养理论，这是好的配餐方式，富含维生素和膳食纤维。但别忘了，你的脾受不了啊！脾不好就容易体内湿气瘀滞，不但会变成黄脸婆，还会造成皮肤过敏、长痘痘等。

思虑伤脾

皮肤问题也爱找心思比较重、爱操心、压力大的人。

现代人由于职场压力、还贷压力，家庭及人际关系的紧张等，都会导致脾胃运化失调，不仅影响营养物质转化成气血推送到全身，更会导致体内垃圾丛生，形成湿气，导致皮肤粗糙、长痘及过敏。

久坐伤脾

中医里有久坐伤脾之说。缺少运动几乎是现代人的普遍问题，特别是办公室一族，更是坐下来就是半天。脾主肌肉，缺乏运动当然伤脾胃。

现代年轻人肌肉发达的不多了，取而代之的是年纪轻轻就挺个将军肚。肥胖是典型的脾虚表现。十个胖子九个虚，指的就是脾虚。

饮酒、甜饮料伤脾

饮酒过量既伤肝又伤脾。不过对当代年轻人来说，以甜饮料代水则是最伤脾的习惯。如奶茶、碳酸饮料等，不仅伤脾，导致体内湿气瘀滞，引发虚胖。同时，现代科学也证明，过量饮用甜饮料是糖尿病和冠心病呈现年轻化的根源。

哪些表现说明养脾势在必行

爱美的女性，每天照镜子如果出现皮肤干、暗淡等问题，不要着急买大牌护肤品，更不要着急敷面膜。护肤之外，要好好想一想是不是脾胃不好了。

按中医讲，脾属土，肺属金，按五行相生相克的原理是土生金，脾和肺是相生的母子关系。脾胃虚弱必然影响肺的功能，而肺又是主理皮毛的器官，当然美丽就受到影响了。

通过下面这些表现，我们可以看看自己是不是存在脾的问题

(1) 掩饰不住的憔悴面容。

(2) 口唇干裂发白，睡觉流口水，舌头大，有齿痕。

(3) 有过敏性鼻炎。

(4) 眼睛爱疲劳。

(5) 每天洗头时，无奈地看着脱落的头发和后移的发际线。

(6) 动不动就疲劳出汗。

(7) 吃饭没胃口，吃硬点、多点就不消化或重口味。

(8) 长斑，有黑眼圈、眼袋。

(9) 痘痘总反复，并憋在皮肤里面发不出来。

(10) 皮肤敏感、干燥。

(11) 减肥总是不成功、大便不成型。

(12) 能吃就是不胖。

(13) 很瘦，但肚子长肉，像戴个游泳圈。

(14) 又怕冷，又怕热。

看看是不是人人中枪。有老中医说，现代人几乎十个人中九个脾虚。看来补脾、健脾人人需要。养生要健脾、美丽要健脾、大人要健脾、孩子老人更要健脾。

中医药房在厨房

健脾药房在厨房

脾虽然是最容易受伤的脏腑，但也是最容易补益的五脏之一。因为补脾的中药多数是药食同源且温和的，一般在超市就可以买到并且可以长期食用无不良反应。

只要我们有健康意识，在家庭厨房就可以完成养生美容的健脾重任。

无论是湿疹、荨麻疹、过敏性鼻炎等过敏烦恼，还是痘痘反复发作，皮肤暗沉、粗糙等问题，就连人人重视的衰老问题都可以在日常饮食搭配中得以改善，再配合合理的外部护理，就会起到事半功倍的美肤效果。

因此，无论从防病养生角度、养颜抗衰角度，还是改善皮肤问题角度，都要认识健脾食材，并有意把它们纳入日常饮食中，经常食用。

下面这些药食同源健脾除湿好物要常备。

茯苓

茯苓具有利水渗湿、益脾和胃、宁心安神的功效。以茯苓为原料的茯苓饼是慈禧常年的小零食。乾隆的八珍糕里茯苓也是不可或缺的角色。

芡实

芡实，南方又叫鸡头米。入脾、肾经，含有丰富的营养，具有很好的补脾益肾作用。

莲子

莲子是补脾佳品，能入心、脾、肾三经，具有养心安神、益肾固精、补脾止泻的多重功能。

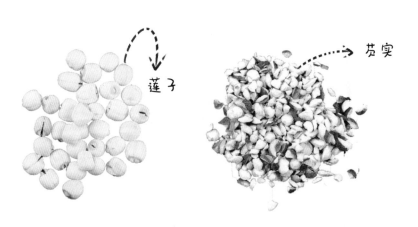

莲子

芡实

白扁豆

白扁豆是健脾除湿的好物。不仅对脾胃虚弱、食欲不振有作用，同时对白带过多、大便溏泄也有帮助。

薏米

薏米健脾、利湿、补肺、清热，皮肤敏感、长痘痘、睡醒脸肿、大眼袋状况的人都可以食用。

大枣

"一日三颗枣，红颜永不老"。大枣具有养脾气，平胃气，通九窍，助十二经等功效，久服轻身延寿。

白扁豆

大枣

山楂

山楂能够健脾消食,强心脏,降血脂,抗氧化,提高免疫力。夏季喝一杯山楂水,冬天来一串冰糖葫芦,好吃又健康。

麦芽

麦芽具有健脾开胃、行气消食的功效。对小孩脾虚积食具有很好的作用,也是著名的八珍糕的成员之一。

干姜

干姜温中散寒,能起到养胃、散寒止痛的效果。姜枣茶、姜片等可以作为暖胃的小零食。

山药

山药补脾养胃、补肾、生津益肺,可降血糖、增强免疫力。

山药

No.5 养脾四季有别，
让美顺应自然

春季养肝护脾

很多中医爱好者都知道春天要养肝，四季都要养脾。所以，春天养脾要和养肝同时进行。在饮食上，要多甘少酸，在护肝的同时增强脾胃功能。大枣、山药、糯米、玫瑰花、枸杞子、蜂蜜等都是很好的选择。

夏季养心健脾

夏季，特别是长夏，是脾的本位季节。但由于天气炎热，夏季也是最容易伤脾的季节。所以，夏季养脾先要防止伤脾行为，避免贪凉、熬夜、喝过多凉茶、穿露脐装等。多吃薏米、红豆、姜、莲子等健脾除湿的食品。

秋季润肺补脾

秋季对应的是肺。所以，秋季补脾要和补肺同时进行。肺主皮毛，和皮肤的关系尤为密切。同时，秋季也是丰收的季节。以健脾、收敛、润燥为主，可以避免皮肤干燥。在饮食上，注意添加扁豆、薏米、莲藕、山楂、银耳、冬瓜、雪梨、红枣、蜂蜜等食物。

冬季滋阴补肾健脾

冬天，按自然界的规律是收藏进补的季节，让机体储存能量，为来年身体健康做准备。但如果脾胃虚弱，就会影响进补。所以，健脾也是关键。

冬天在食物中适当添加羊肉、山药、桂圆、糯米、核桃、栗子等。同时，保暖也是冬天健脾最简单的方式。

东方护肤语录

●气色比肤色更能决定你的年轻度，而好气色都离不开充盈的气血做后盾。

●健脾药房在厨房，平日里稍留意一下药食同源的健脾食物，并合理添加到日常饮食中，就是最简单而有效的变美方式。不仅能得到美丽，更有利于健康。

●美丽肌肤要从避免伤脾开始，美丽肌肤更要从养脾着手。可以说，健脾是应该坚持一生的行动。

Part 10
正确的护肤观
才是美肤护身符

提到文化、观念之类的说法，很多人都觉得很复杂，不如直接告诉我什么产品好，或告诉我一个妙招能让皮肤问题快点解决。

在各大网络平台上，看看点击量最大的短视频或文章标题就知道，几乎都是"×××快速解决""×××妙招"之类的标题，反映出人们当下急功近利的心态。

其实，我们进行任何选择和行动的背后，都有无形的观念在支配行动。一味追求快速见效的护肤观，很难在护肤的道路上"不踩坑"。那些拥有健康护肤观的人，虽然皮肤也难免偶尔会有小问题，但是总会收获最好的护肤效果。这就是观念不同带来的不同结果。

No.1 整体调理观，
从全局认知护肤

整体调理观让我们知道，皮肤的好坏不仅关乎皮肤本身，更是整个机体是否健康的外在表现。因此，有人形容皮肤是反映外环境、身体内环境和心理环境的三棱镜。

此外，皮肤是人体最大的器官，更是一个复杂的生态系统。就皮肤本身而言，它自身也代表着一个整体，我们要尊重它的规律。

如果我们具备整体调理观，就会在日常皮肤保养方面追求整体的和谐健康，让身心及环境都有利于皮肤健康美丽。在皮肤出现问题时，及时做反思，从身体、压力各个层面给皮肤问题的修复积极创造好的条件，而不是采取激进的"短、平、快"的方法。

具备这种护肤观念会让我们理性看待护肤，遇到问题会多方面进行调理，这才是真正的护肤之道。相信具有这种护肤观的人，绝不会被一些华而不实的美容观念迷惑，更不会把自己当小白鼠，为不良产品买单。具备这种护肤观的人，皮肤都不会太差。

No.2 减负护肤观，
放手给皮肤松绑

我在前面的章节里多次提到，现在的女性在护肤品市场营销的强力洗脑下，护肤步骤不断加码，由几十年前的简单护肤，到目前已经变成越来越繁琐了。最近又流行起家庭美容仪配合护肤，让皮肤多吸收。

这些极具诱惑力的美容护肤招数，可以说还在不断翻新，花样层出不穷。如果没有正确的护肤观念，真的很难控制住欲望，就像我们每天面对满桌美味佳肴无法管住嘴一样。

只满足口福的饮食会让我们吃出"三高"，现在再加上尿酸高，成为"四高"了。

同理，分析一下我们的皮肤问题，是不是也是过度护肤导致的皮肤"三高""四高"呢。

现代人的护肤如同现代的饮食，不是营养不足，而是保养过度，带来的是肌肤负担过重、毒素堆积，使皮肤代谢失去平衡，自我调节能力下降，从而导致问题丛生。

近几年，国外出现了极简护肤思潮，反思现代过度护肤的弊端，主张减法护肤，给皮肤轻断食，即简化护肤步骤，结果皮肤反而变好。

其实，减负护肤是中医护肤观。有时，"减"就是"多"，这就是东方智慧。

对已经不堪重负的皮肤来说，减就是排毒。它可以减少化学成分的不良影响，让皮肤代谢更顺畅。

从这点看，谁说"减"不是现代护肤的一种有效方式呢？

如果你越努力，皮肤变得越差，想想是不是该转变护肤观念，给皮肤做"减法"了。

No.3 排毒养颜观，
让皮肤自在而美丽

护肤品就皮肤而言，既有皮肤喜欢的好成分，同时也有皮肤不欢迎的"有毒"成分，诸如表面活性剂、防晒剂、香精、色素、防腐剂等，也有微量的重金属。

化妆品中这些不良成分的存在，就像我们吃进营养食物的同时身体内也伴随进入一些农残、化学添加剂一样，短时间内不会对健康构成威胁，但前提是身体要有活跃的代谢能力排出毒素。

我们的身体和组织都有自身的净化能力。但如果毒素积累超出了其承受的限度，就会引发皮肤，甚至健康问题。

科学证明：毒是一切皮肤问题之根源。看看那些敏感肌、激素脸、痘痘脸和真皮斑，哪个不是毒素堆积的结果？

排毒养颜观是提高皮肤新陈代谢，排除化妆品不良成分残留和代谢毒素，让皮肤得以修复、恢复活力的一种观念。所以，排毒养颜，是从本源着手解决皮肤问题，让皮肤真正回归美丽本色。

听她（他）们说

曾琼琳："正确的护理观，让我帮女儿摆脱湿疹困扰。"

早就盼望尹老师能出一本书，以帮助更多敏感肌人群及在护肤中因缺乏正确的护肤观而迷茫的人们。现在终于盼来了这本书。

我是尹老师东方护肤理念的坚定支持者和实践者，而这一切源于我的女儿。

我的女儿出生不久就患上了严重的异位性皮炎，即婴儿湿疹。因为太严重，家里的老人不忍心让孩子遭罪，也不懂激素的不良反应，经常给孩子涂抹激素药膏。一来二去，孩子因涂抹太多激素药膏而产生依赖。小小的年纪，肘弯、腿弯的皮肤就都变成了黑色，皮肤变得干燥、粗糙。

我又心疼又无奈，带着孩子跑遍了当地的大医院都改变不了现状。待孩子稍大一点儿我又带孩子去北京、上海等地的大医院。

到了孩子四五岁，我已经带她看了无数中西医，吃了很多药物。但因为激素使用时间太长，孩子又小，还是戒不掉激素。频繁的发作和摆脱不了激素依赖让我万分苦恼。

在一次展会上，我和尹老师有缘结识。经交流，我被尹老师的护肤主张吸引，也深深懂得，湿疹这样的皮肤病，不仅要用药物治疗，平时的皮肤护理也非常关键，同时要配合日常饮食做整体调理。

我无法接受自己的女儿因湿疹在长大后变得生活受限，更不允许自己的女儿因湿疹不能露出漂亮的皮肤而自卑。

我决定跟尹老师学习，亲手帮助女儿恢复皮肤健康美丽。

开始我尝试用本草护肤品代替激素，但发现用过太多激素的皮肤，一旦开始使用本草植物护肤就立即加重，但我仍坚持给孩子使用，小孩不懂事，一加重就哭闹，我没办法，就去请教尹老师。

尹老师建议我不要太激进地戒断激素，在严重时就使用一点激素药物缓解一下，平时就坚持给孩子护肤，不让皮肤干燥。同时，我和家人协商好，绝对不能乱给孩子吃东西，孩子的饮食由我亲自操持。

我自己阅读了很多中医书籍。知道湿疹和脾胃虚弱有很大关系。所以，在控制孩子零食的同时，坚持在孩子的食物中加一些健脾胃的药食同源中药，并坚持给孩子口服益生菌。

功夫不负有心人，经过几年的耐心调理，孩子的皮肤逐渐有了好转。

虽然还会在感冒或偶尔吃了点鱼虾时轻微发作，但是与以往的严重度相比已经很轻了，即便仍然不能完全戒断激素。

在孩子 6 岁就要上学的那年，我决定让她彻底断掉激素。因为我知道激素一天不彻底戒断，孩子就不能彻底康复。

所以，在孩子复发时，我一直顶住来自各方的压力，坚持不用激素，也不用其他药物，只用健康食物和本草护肤品来维持。孩子也懂事了，懂得了道理，也和我一起坚守着，忍耐着。我看着心疼，但一想到孩子的未来就咬牙坚持，并就孩子的具体情况及时和尹老师交流。在尹老师的鼓励下，我和孩子跟激素较劲了近两个星期，也忍受了难以想象的痛苦和压力，终于彻底摆脱了激素的纠缠。

从此以后，涂抹护肤品就再也没有出现加重现象了，我长长地松了口气。但我知道，孩子的湿疹太严重，不可能就这样彻底好转。所以，不能掉以轻心。

值得欣慰的是，戒断激素后，每次犯病时也没有以往那么重了。虽然偶尔还犯，但我已经能用食物和本草护肤很好地应对了。明显感觉孩子的湿疹也越来越轻，复发的次数明显减少。

同时，孩子的饮食管理我也一直没放松。益生菌、健脾除湿食品等一直没有停。随着孩子长大，免疫功能增强，近三年，孩子已经彻底摆脱了难缠的湿疹。

我想说，面对儿童湿疹，妈妈的护肤观念很重要。必须懂得在医院治疗的同时，配合正确的护肤方式和饮食管理。药物治疗是一时的，能否正确地护理则更为重要，甚至决定了湿疹治疗的最终成败。

　　尹老师是中医药护肤文化的倡导者，她的理念对我影响很大。这本书的出版，我想会给更多的女性，包括年轻的母亲以实实在在的帮助，让自己受益，更让家人受益。

贾帅团："护肤需要科学的文化理念。"

听闻尹老师要出书，我感到非常高兴。我在工作中接触很多护肤品牌，也听过很多商家的培训讲解，但我感觉大多数品牌都停留在产品宣传层面。

通过和尹老师接触，我的思想发生了很大变化。她主张的东方护肤理念不是空谈，而是能应用在护肤，甚至是皮肤疾病的养护指导上。

我认为，在这个销售为王的时代，能不急不躁地认真做文化理念传播的人少之又少；在这个物质极大丰富的社会，能给人们精神上提供帮助才是难能可贵，尹老师做到了这一点！

作为护肤从业者，给消费者提供健康护肤品的同时，能帮助消费者树立正确的护肤观念，并让消费者受益，这让我非常具有成就感。这是超越金钱之外的东西，让我很珍惜。

这本书无论对消费者，还是对销售人员，都是值得一读的好书。这本书会真正帮助人们提高护肤质量，让更多人受益于尹老师的正确护肤观念。

徐爽："要想改善皮肤问题，先要改正护肤理念"

我叫徐爽，是尹老师护肤观念的受益者。

我属于油性皮肤，一直为时不时冒出的痘痘而烦恼。虽然已经过了青春期，但痘痘仍没有消退的迹象，不管怎么努力都收效甚微。

认识尹老师之后，我不仅懂得了很多护肤知识，更信服中医排毒养颜的护肤理念。

回顾自己这些年的战痘经历，皆因急功近利的错误护肤观，让自己的皮肤状态越来越糟。不仅痘痘反反复复，而且肤质也越来越差，这让我很苦恼。

当我真正想明白尹老师提倡的护肤观之后，开始对皮肤的修复有了平静自然的心态。不再追求速度，更不用短期效果做无谓的评价。

因此，我坚持用本草护肤，给皮肤休养生息的时间，不再为皮肤一时的变坏而烦恼。

这样的思想转变，竟然让我的皮肤越来越好。不仅痘痘逐渐消退，而且皮肤也越来越清透。

如今已经过去三年，我已经完全摆脱了痘痘的纠缠，皮肤变得清透靓丽，整个人都变得漂亮自信，不化妆也信心满满。

现在，我经常用我的护肤经历宣传尹老师倡导的东方护肤思想。

也深深懂得，这样的方法才能真正地帮助顾客，也可以得到顾客认可，更赢得顾客尊重。

真心希望尹老师的书能给更多的女性带来福音。

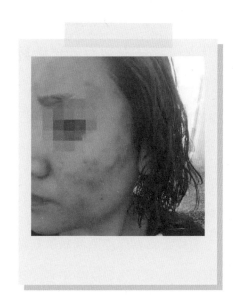

尹璐："一次突发的过敏经历，让我坚定了东方护肤观。"

能参与尹老师此书的编辑非常荣幸，也让我又一次对护肤有了全新的认知，收获了很大的进步。

我有多年护肤培训与教学工作经验。平时，给很多人做过护肤观念的纠正和具体皮肤问题的指导。但在早些年，也和许多年轻女孩一样，对所有漂亮的化妆品包装、网红推荐及美丽炫酷的广告毫无抵抗力，也为获得一个大牌面霜而欣喜不已。家里常常有一堆使用一半而搁置的护肤品。虽然受过多年的知识教育，但对护肤仍然没有自己的护肤观念，只是凭感性购买。

直到跟随尹老师之后，才真正对护肤和皮肤有了理性思考。购买化妆品时，自己也开始从皮肤的角度去审视合不合适，但护肤观念还没有那么坚定。直到几年前我自己出现皮肤问题，才彻底坚定了尹老师倡导的护肤观念。

5年前，我因工作调动及生活环境的改变压力很大，突然导致面部过敏，红肿的状态让我有些接受不了。本来压力就让我内心不安，加上过敏，更让我心态几近处于崩溃。

我想用激素药物快速压制下去，
但尹老师了解情况之后，告诉我这
和压力有关系。皮肤其实是身体内
部的反映，过敏可能是身体压力的
发泄点。所以，让我在能忍受的情
况下不要使用激素。

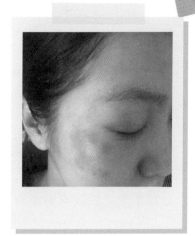

在尹老师的帮助下，我通过本草护肤加上调整饮食、作息，一周
之后皮肤状态得到了好转。但皮肤哪有那么容易妥协，在那段时间里，
每个月都要过敏一次。每次在我失去信心，想要使用激素的时候，都
是尹老师及时给我纠正过来。

随着我状态的调整及对本草护肤的坚持，逐渐地，过敏的时间间
隔越来越长，每次过敏的表现也越来越轻，终于在四个月后得以彻底
康复。

通过这次经历，让我真切感受到了护肤观念的重要及皮肤和身体
的对应关系，也让我信服了中医养颜护肤文化的伟大，更感谢尹老师
对我的教诲。

如果没有尹老师的每次提醒，我可能会使用激素。但激素只能缓
解一时，如果反复使用，最终会演变成难缠的激素依赖性皮炎。它比
单纯过敏更可怕，可能我到现在也难以恢复，想想都觉得后怕。

尹老师的护肤思想真的会让很多人受益。希望每个女孩在受到皮肤问题困扰时，都能像我一样幸运，接受尹老师的指点。

现在，我也被大家亲切地称为大璐老师，也有很多女孩在我的指导下走出皮肤护理误区，让皮肤问题得到有效缓解。

我相信，护肤需要智慧，只有正确的知识和观念，才能为护肤提供保障。

此书的出版，会让更多女性从护肤的迷茫中走出来，重新坚定摆脱皮肤敏感和其他皮肤问题的信念，让护肤真正变得美好。

东方护肤语录

●对女性来说，拥有正确的护肤观，不仅让自己受益一生，也为孩子和家人的皮肤健康提供保障。

●针对现代人的护肤困惑，只有真正懂得"整体调理观""减负护肤观""排毒养颜观"这三大东方护肤理念，才能真正走出护肤误区。

●对刚开始护肤的年轻女孩儿来说，先树立正确的护肤观，远比先认识大牌或明星成分要有意义。它能让护肤少走弯路，避免误区，让护肤更有效，为皮肤问题找到真正的解决途径，也是孩子和家人皮肤健康的保证。

图书在版编目（ＣＩＰ）数据

有效护肤，拒绝敏感肌 / 尹凤媛，张栖彬编著. --
长春：吉林科学技术出版社，2021.12
ISBN 978-7-5578-9042-1

Ⅰ．①有… Ⅱ．①尹… ②张… Ⅲ．①皮肤－护理
Ⅳ．①TS974.11

中国版本图书馆CIP数据核字(2021)第234779号

有效护肤，拒绝敏感肌

编　　著	尹凤媛　张栖彬
出 版 人	宛　霞
责任编辑	练闽琼
封面设计	长春市阴阳鱼文化传媒有限责任公司
装帧设计	长春市阴阳鱼文化传媒有限责任公司
幅面尺寸	170mm×240mm
开　　本	16
字　　数	200千字
印　　张	13.5
版　　次	2021年12月第1版
印　　次	2021年12月第1次印刷

出　　版 | 吉林科学技术出版社
发　　行 | 吉林科学技术出版社
地　　址 | 长春市福祉大路5788号出版大厦A座
邮　　编 | 130118
发行部电话（传真） | 0431-81629529　81629530　81629531
　　　　　　　　　81629532　81629533　81629534
储运部电话 | 0431-86059116
编辑部电话 | 0431-81629517
印　　刷 | 长春新华印刷集团有限公司

书　　号 | ISBN 978-7-5578-9042-1
定　　价 | 49.90元